재밌어서 밤새 읽는
진화론 이야기

재밌어서 밤새 읽는

진화론 이야기

하세가와 에이스케 지음 | 김정환 옮김 | 정성헌 감수

더숲

생물은 왜 환경에 적응할까

이 세계에는 정신이 아득해질 만큼 다양한 생물이 살고 있다. 박테리아처럼 눈에 보이지 않는 작은 생물부터 고래처럼 거대한 동물까지, 실로 수많은 생물이 존재한다. 이와 같은 생물들은 매우 닮은 것들을 하나로 묶은 종이라는 단위로 분류되는데, 이 세상에 대체 얼마나 많은 종이 있는지는 알 수 없다.

인간에게 친근한 곤충이라는 부류만 해도, 현재 약 175만 종이 과학적으로 기재되어 있으며, 아직도 더 많은 종이 있는 것으로 짐작되고 있다. 하물며 박테리아류 등까지 포함하면 도대체 얼마나 많은 종이 있을지 짐작도 할 수 없다.

어떻게 이다지도 다양한 생물이 존재하는 것일까?

이 수수께끼를 밝혀내는 것이 생물학의 목적 중 하나다. 그리고 생물에게는 또 하나의 신비가 있다. 각각의 생물은 자신들이 사는 장소에 매우 적합한 방식으로 살아간다는 점이다. 예컨대 나뭇잎 위에 있는 메뚜기의 몸 색깔은 기본적으로 주위의 배경과 구분되지 않는 녹색이어서 천적의 눈에 잘 띄지 않는다. 바다에 사는 고래나 돌고래, 물고기들은 유선형 몸과 물을 효율적으로 가르며 나아갈 수 있는 지느러미를 갖고 있어서 수중생활을 하기에 용이하다. 이와 같은 예는 그 밖에도 얼마든지 있다.

요컨대 모든 생물은 자신이 처한 환경에서 살아가기에 적합한 몸을 가지고 있다. 생물학적으로는 이것을 '적응'이라고 부른다. 왜 생물은 적응을 하는 것일까? 이 의문을 밝혀내는 것이 생물학의 또 다른 목적이다.

어째서 이 세상에는 이리도 다양한 생물이 존재하며, 왜 그 생물들은 자신이 사는 곳에 알맞은 특성을 갖추고 있는 것일까? 이것은 오래전부터 사람들의 흥미를 자아내던 문제이며, 이에 대한 생각은 시대와 함께 변화해왔다. 옛날 사람들은 생물은 처음 만들어졌을 때부터 그 모습이었고 시간이 지나도 변하지 않는다고 생각했다. 그러나 비교적 최근에 들어와 '생물은 처음부터 그런 모습이었던 것이 아니라 시간이 지나면서 변화해온 것이 아닐까?'라고 생각하는 사람들이 나타났다. 이런 생각을 '진화론'이라고 부른다.

진화론은 왜 등장했고 어떻게 사람들에게 받아들여졌을까? 현대의 진화론은 생물의 다양성을 어디까지 해명할 수 있을까? 그리고 진화론은 어떻게 새롭게 전개되고 있을까?

이 책은 생물의 다양성과 적응을 둘러싼 진화론의 모험을 되도록 알기 쉽게 해설한 것이다. 생물들은 인간의 상상을 초월하는 신비한 생태를 보일 때가 있다. 그런 생물의 신비한 생태와 함께, '왜?' 그리고 '어떻게?'라는 과학이 해명해야 할 근본적인 관점에서 진화론의 역사, 가능성과 한계, 그리고 새로운 전개에 관해 설명해나갈 것이다.

생물 다양성의 매력을 알고 싶어 하는 모든 사람들, 특히 진화에 관심이 있으면서도 이해하기 어려워 선뜻 가까이 하지 못하는 사람들을 위해 이 책을 썼다. 여러분을 진화론의 모험에 초대하고 싶다.

진화론의 과거-현재-미래를
흥미진진하게 풀다

가끔 학생들에게 "우리의 조상은 누구일까?"하고 물으면 "원숭이!" "침팬지!"라고 앞다투어 대답한다. 한편에서는 "아니야." "에헤, 진짜지."하면서 교실이 시끄러워지는 모습을 볼 수 있다.

그러면 정말 우리의 조상은 누구일까? 이 질문이 바로 진화라는 개념의 시작이다.

진화란 생물 집단이 여러 세대를 거치면서 거듭 바뀌고 그 특성이 변화하면서, 나아가 새로운 종이 탄생되는 과정에서 관찰된 자연 현상을 가리키는 말이다.

진화라고 하면 가장 먼저 떠오르는 것은 역시, 이 책에서 진화론 최고의 스타라고 표현하는 다윈의 진화론이다. 하지만 대부분의 사람들은 그 이론이 무엇을 주장하는지 어떻게 만들어진 이론인지는 물론, 그 이후 지금까지 진화에 대해서 어떤 것이 더 밝혀졌는지 거의 알지 못한다. 교과서에 나오는 멘델의 유전법칙 역시 생물의 진화에 있어서 중요한 원리를 제공하고 있지만 딱딱한 이론으로 배운 대부분의 학생들은 그 중요성을 모르고 지나가기 쉽다.

이 책은 진화론에 대해 크게 세 부분으로 나누어 이야기하고 있다. 첫 번째 부분에서는 신에 의해 세상이 탄생했다고 믿었던 진화론 이전의 이야기에서 출발해 다윈의 진화론에 이르기까지 '진화론의 탄생'을 알리는 과정을 다루고 있고, 두 번째 부분인 '진화론의 현재'에서는 유전의 발견, 유전자의 발견, 종합설의 탄생과 아울러 두 개의 논점을 등장시켜 진화를 둘러싼 의문점들에 답을 해주고 있다. 마지막 부분인 '진화론의 미래'에서는 호수 속 플랑크톤의 다양성, 그물등개미의 존재와 투구새우의 위기관리를 예로 들며 미래의 진화를 유추해볼 수 있도록 하였다.

이 책은 이러한 진화에 관해서 과거-현재-미래로 이어지는 전체 과정을 일반인들도 쉽게 이해할 수 있도록 풀어내고 있다. 아직 알아내야 할 부분이 많은 현재진행형의 연구인만큼 어떤 부분은 용어와 논점의 문제로 어렵게 느껴질 수도 있을 것이다.

그렇지만『재밌어서 밤새 읽는 진화론 이야기』는 우리에게 비교적 익숙한 여러 가지의 예를 들어 쉽고도 재미있게 이야기로 풀어내고 있다.

　마지막으로, 이 책을 감수하면서 편수자료 용어를 참고하여 부분적으로 현재 우리 교과서에서 사용하는 용어로 수정하였다. 예를 들어 티민을 타이민, 시토신을 사이토신 등으로 수정하였음을 밝힌다.

감천중학교 수석교사 / 이학박사 정성헌

목차 🌱 : 🌱 : 🌱 : 🌱

Part 1   탄생, 최초의 진화론

Part 2   진화는 지금도 일어나고 있다

Part 3   진화론도 진화한다

탄생, 최초의 진화론

Lamarck

Darwin

신의 업적을 경배하라

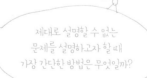

제대로 설명할 수 없는
문제를 설명하고자 할 때
가장 간단한 방법은 무엇일까?

진화라는 말이 옛날부터 있었던 것은 아니다. 아니, 생물학에서 진화라는 말이 등장한 시기는 고작해야 약 250년 전이다. 그전에는 생물은 시간이 지나도 변화하지 않는다고 생각했기 때문이다. 물론 사람들은 이 세상에 매우 다양한 생물이 있다는 사실, 그리고 생물이 각자의 환경에 적응한 이유를 알고 싶어했다. 그러나 그 이유를 설명하는 것은 쉬운 일이 아니었다. 사람들은 모르는 것을 모른다고 솔직하게 인정하는 대신 자의적으로 해석함으로써 마치 문제를 해결한 것처럼 처리하는 방법을 선택했다.

이 세상에는 왜 그렇게 되었는지 잘 알 수 없는 문제가 많다. 가령 옛날 사람은 어떻게 우리가 이 세상에 존재하는지, 왜 때때로 태양이 어두워지는지, 왜 나쁜 병이 유행하는지 등의 문제에 대해 전혀 알지 못했다. 이런 문제는 현재에도 존재한다. 왜 빛의 속도는 초속 30만 킬로미터인지, 우주와 관련된 다양한 정수(플랑크 상수 등)는 왜 그런 값을 갖는지 등에 대해서는 여전히 그 이유를 알지 못한다.

제대로 설명할 수 없는 문제를 어떻게든 설명하고자 할 때 가장 간단한 방법은 무엇일까? 그것은 다른 것을 끌어들이는 것이다. 요컨대 전지전능한 신이 그렇게 만들었다고 말하면 된다. 나쁜 일이나 무서운 일이 일어나면 신의 분노 때문이라고 말하면 그만이다.

어떤 민족이든 창세 신화가 있다. 우주나 세계가 창조되는 과정을 설명하는 신화에는 언제나 신이 등장한다. 이 세상은 신이 창조하셨고 세상이 이렇게 움직이는 것은 전부 신의 뜻이라고 규정하면 고민할 필요가 없다. 하지만 이것은 아무것도 설명하지 못한다. 그래도 이렇게 주장하면 왠지 이유를 안 것 같은 기분은 든다.

그런 신화에 따르면 모든 것은 신의 뜻이다. 생물이 다양한 것도, 환경에 적응한 것도 신이 그렇게 만드셨기 때문이다. 그러니 신의 업적을 경배하라는 식이다.

그래서 전지전능한 인격신을 숭배하는 기독교 문화권에서는 세상이 이런 모습인 이유가 전부 유일신이 그렇게 만들었기 때문이라고 생각한다. 과학은 기독교를 기반으로 유럽 사회에서 발전한 사상이다. 원래 과학은 세상이 얼마나 정교하게 만들어졌는지를 조사함으로써 신의 위대함을 증명하기 위해 탄생했다는 이야기도 있다.

어떤 사회든 태초에 세상을 만든 신화가 있다. 진화론 이전의 세계에서는 생물의 다양성뿐만 아니라 적응도 신이 그렇게 만든 것이며 옛날부터 현재에 이르기까지 전혀 변하지 않고 그 모습 그대로 존재해왔다고 여겼다. 한마디로 진화라는 개념 따위는 존재하지 않았다.

살아 있는 동안은
끊임없이 변화한다

거의 모든 생물은
아주 짧은 동안에도 변화를 거듭한다.
'성장' 혹은 '노화'라고
부르는 현상이다.

'생물은 처음부터 지금과 똑같은 모습이나 성질을 지니고 있었으며 전혀 변하지 않았다.' 이것이 진화론 이전의 생각이었다. 이런 생각에 위화감을 느끼지 않았던 이유는 무엇일까? 여러 가지를 생각해볼 수 있지만, 가장 그럴듯한 이유는 수십 년이라는 시간이 지나도 생물이 변화하는 것처럼 보이지 않기 때문일 것이다.

나는 어렸을 때 도쿄의 교외에 살았는데, 그 무렵에는 근처에 다양한 나무들이 우거진 숲이 있어서 그곳으로 사슴벌레나 투구벌레를 잡으러 다녔다. 그로부터 수십 년이 지난 지금은 연구

재료로 톱사슴벌레를 사용하고 있는데, 내가 어렸을 때 본 것과 똑같이 생겼고 언제 어디에 살며 무엇을 하는지와 같은 생태적 성질도 변화가 없다. 가령 독자 여러분 중에 증조할아버지가 인간이 아닌 사람이 있는가? 아마도 없을 것이다.

톱사슴벌레는 태어난 지 1년 정도 지나면 성충이 되므로 수십 년이면 수십 번의 세대교체를 반복했을 테지만, 그 모습이나 성질에 전혀 변화가 없는 것처럼 보인다. 이것은 톱사슴벌레에게만 해당되는 이야기가 아니다. 대부분의 생물은 수십 년이라는 시간을 지나는 동안 전혀 변하지 않은 것처럼 보인다.

옛날 사람들의 수명은 기껏해야 50~60년이었으므로 평생을 사는 동안 서서히 일어나는 생물의 변화를 관찰하기란 불가능했을 것이다. 이런 상황에서 과거의 사람들이 생물은 시간이 지나도 변화하지 않는다고 생각한 것은 자연스러운 일이었다. 하물며 기독교의 성서에는 지구가 창조된 것이 불과 수천 년 전의 일이며, 그때 신이 모든 생물을 만들었다고 기록되어 있다. 경건한 기독교인이라면 성서의 내용을 의심하는 것은 곧 신을 의심하는 것과 같다. 따라서 수십 년이라는 시간 동안 변하지 않는 생물들이 수천 년 전에도 지금의 모습과 똑같았다고 생각하는 것은 이상한 일이 아니다. 이것이 바로 진화론 이전에 형성된 생물관이었다.

그런데 사실 거의 모든 생물은 아주 짧은 동안에도 변화를 거듭한다. 이것은 '성장' 혹은 '노화'라고 부르는 현상이다. 10년 전의 여러분과 지금의 여러분은 똑같은가? 다를 것이다. 10년 전의 사진을 보면 '이때는 젊었지'라든가 '아직 애였구나'라고 생각하는 것이 보통이다. 살아 있는 생물도 마찬가지다. 새들은 알, 새끼 새, 어린 새, 성년 새의 순서로 성장하며, 곤충들은 알, 유충, 성충과 같은 식으로 성장한다. 박테리아조차도 분열한 직후에 분열하는 일은 없으며 어느 정도 자란 다음 분열을 시작한다. 생물은 일생 동안 반드시 성장하는 것이다. 요컨대 시간과 함께 변화한다.

왜 모든 생물은 성장할까? 분열해서 증가하는 박테리아 등은 성장하지 않고 분열하면 몸이 점점 작아져버리므로 성장하는 과정이 필요한 것이다. 성장하지 않은 채 작은 몸으로 아이를 낳아도 괜찮을 것 같은 생각이 들기도 하지만, 갓 태어난 아이가 자라지 않고 번식한다면 역시 몸이 점점 작아질 것이다. 결국 부모와 같은 크기의 개체를 재생산할 때는 어느 단계에서든 반드시 성장이 필요하다. 그래서 생물은 평생 동안 끊임없이 성장하는 존재인 것이다.

그럼에도 사람들은 오랫동안 생물이 변화하지 않는다고 믿어 왔다. 왜 그럴까? 아마도 우리가 아는 모든 생물은 평생에 걸쳐 변화하지만 태어난 아이도 부모와 똑같이 변화하므로 생애라는 관점에서 보면 부모와 자식이 변하지 않는 듯이 보였기 때문일 것이다. 앞에서 예로 든 톱사슴벌레는 수십 년이 지나도 옛날과 똑같이 알에서 태어나 유충으로 성장하며 번데기를 거쳐 성충이 된다.

인간, 새, 말, 물고기 등 우리가 아는 모든 생물이 이런 생애를 반복한다. 그래서 옛날 사람들은 생물은 변하지 않는다, 종류의 차이는 있지만 어떤 한 가지 종류는 줄곧 변하지 않는다고 믿었던 것이다. 우리가 살아 있는 동안에 다른 종류가 되어가는 생물을 본 적이 없기 때문이다. 한 종류의 생물이 변하지 않은 채로 계속 존재한다면 논리적으로 생각했을 때 세계의 모든 다양한 생물은 개별적으로 탄생했으며, 줄곧 그 모습으로 존재해왔다는 애기가 된다.

신이 생물을 탄생시켰다는 이론이 '창조설'이다. 이렇게 생각하면 생물은 변화하지 않으며 옛날부터 줄곧 그대로였다는 주장은 관찰 사실과 일치하므로 합리적이라고도 할 수 있다. 과학의 세계에서 이론은 관찰 사실을 통해 부정되지 않는 한 타당한 이론으로 존재한다.

수십 년이라는 인간의 생애나 인류의 기억이 전해지는 2~3세기 사이의 시간, 혹은 수백 년 전의 기록 등과 대조해봐도 어떤 종류의 생물이 변화했음을 관찰한 내용은 없었기 때문에 생물은 옛날부터 그 모습 그대로 존재했다는 가설이 계속 유지되었던 것이다.

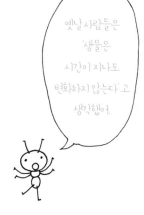

생물은 세대를 초월해 변화할까

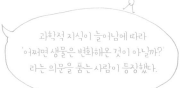

사람들이 세상에 대해 조금씩 알게 됨에 따라 '세상이 처음 시작될 때 다양한 생물이 만들어졌으며 이후 줄곧 변화하지 않았다'라는 가설을 적용할 경우 앞뒤가 맞지 않는 부분이 생기기 시작했다.

먼저 지구의 역사는 성서에 기록된 것보다 훨씬 오래되었다는 것을 알게 되었다. 성서에는 지구가 창조된 시기가 지금으로부터 약 6000년 전으로 나와 있지만, 지질학적 조사 결과 그보다 훨씬 오래전인 수십억 년 전부터 지층이 쌓여왔음을 알게 된 것이다. 다시 말해 지구는 성서의 기록보다 훨씬 오래전에 탄생했다는 의미다. 또 그 오래된 지층에서 식물이나 물고기 등의 화석이 발견되었고, 지층이 새로 쌓임에 따라 파충류와 새, 포유류의 순서로 화석이 나타났다.

이러한 사실을 합리적으로 설명하려면 지구는 훨씬 오래전부터 존재했으며 생물은 단순한 종에서 복잡한 종으로 변화해왔다는 생각이 전제되어야 한다. 이로써 진화에 대한 생각이 싹을 틔우게 된 것이다.

그러나 창조설 측의 반론도 만만치 않았다. 그들은 신이 지금의 모습 그대로 세상을 만들었다고 주장한다. 요컨대 지구는 수십억 년의 역사를 지닌 것처럼 보이는 형태로 수천 년 전에 만들어졌으며 화석 생물은 지구상에 실제로 살았던 것이 아니라는 반론이다. 이와 같은 반론에 대해 논리적으로는 반박이 불가능하다. 따라서 이 주장이 틀렸음을 증명할 수는 없다. 현재도 창조설을 믿는 사람들은 똑같은 주장을 하면서 진화를 바탕으로 한 생물관을 부정하고 있다.

여담이지만, 과학적으로 '~은 없다'라는 것을 증명하는 것은 불가능하다. '~이 있다'의 경우에만 그것이 있음을 증명할 수 있을 뿐이다. 가령 영국 스코틀랜드의 네스 호에서 목격되었다는 정체불명의 괴물 네시는 수차례에 걸쳐 수색이 실시되었지만

한 번도 발견되지 않았다. 그러나 없는 것이 아니라 발견되지 않았을 뿐일 가능성을 부정할 수는 없다. 같은 예를 들어 초능력, 영혼, 네시, 스태프(STAP) 세포(일명 '자극 야기성 다기능성 획득세포'라고 하며, 제3의 만능세포 알려졌으나 결국 조작임이 드러났다.—옮긴이) 등이 없다는 것을 증명할 수는 없다.

그러나 지구에 관한 과학적 지식이 늘어남에 따라 '어쩌면 생물은 변화해온 것이 아닐까?'라는 의문을 품는 사람이 등장했다. 그런 생각을 가로막는 것은 우리가 알고 있는 한 다른 생물로 변화하는 생물이 발견된 적이 없다는 사실이다. 앞에서 예로 든 톱사슴벌레처럼 우리가 아는 생물은 수십 세대, 수백 년을 거쳐도 전혀 변화하지 않는 듯이 보인다. 생물은 세대를 초월해도 변하지 않는다는 것은 관찰 사실이므로 부정할 수가 없다.

그러나 화석으로 발견되는 생물은 현재의 생물과는 그 모습이 달랐다. 만약 화석 생물이 애초에 화석으로 창조된 것이 아니라, 과거에 그런 모습으로 살았던 생물이라면 과거와 현재의 생물은 서로 다른 모습인 셈이다. 요컨대 생물은 시간의 흐름과 함께 그 모습을 바꿔왔다는 뜻이 된다.

창조설은 일단 제쳐놓고, 변화설을 과학의 관점에서 생각하면 '생물은 어떤 메커니즘으로 세대를 초월해 변화하는가?'를 해명해야 한다. 또 생물에는 적응 현상이 있으므로 그 메커니즘을 설명할 때 '왜 적응 현상이 일어나는가?'도 동시에 설명해야 할 것이다. 진화학의 역사에서 불완전하나마 이런 조건을 만족하는 가설을 처음 제시한 사람은 프랑스의 박물학자인 장 라마르크였다.

최초의 진화론,
라마르크의 용불용설

라마르크의 용불용설은
진화학을 추구하는 사람들에게
커다란 사건이었다.

장 라마르크(Jean Lamarck, 1744~1829)는 찰스 다윈(Charles Robert Darwin, 1809~1882)보다 조금 먼저 활약한 박물학자다. 그는 생물이 시간이 지남에 따라 변화하는 메커니즘을 궁리해 다양성과 적응의 진화를 설명하는 학설을 최초로 공표했다.

쉽게 말해 생물이 환경에 적응하기 위해 자주 사용하는 특정한 형질은 유전된다는 가설인데, 그 학설을 '용불용설'이라고 부른다.

얼마 전까지 고등학교 생물 교과서에는 용불용설이 최초의 진화 학설로 등장했지만, 다윈의 진화론이 옳다는 것이 밝혀짐에 따라 소개되지 않게 되었다. 그러나 진화론의 역사를 고려했을 때 다윈에 앞서 논리적이고 정합적인 가설을 최초로 제안한 용불용설의 역사적인 의의는 사라지지 않는다. 또한 최신 생물학의 입장에서 그의 용불용설이 반드시 틀린 것은 아닐 가능성이 제기되고 있다. 이에 관해서는 뒤에서 설명하겠다.

라마르크의 학설은 단순하다. 생물 개체는 성장하면서 분명히 변화한다는 것이다. 그의 아이디어에 바탕이 된 것은 성장 경험한 것이 생물의 형태와 성질에 영향을 준다는 사실이다. 예를 들어 몸을 단련한 사람은 근육이 발달해 우람한 체격이 되며, 단련하지 않은 사람에 비해 할 수 있는 일도 다르다. 이와 같이 후천적으로 획득한 형질이 어떤 형태로 자손에게 전해진다면 생물은 세대를 초월해 변하게 될 것이다.

게다가 필요에 따라 획득한 형질이 전해진다면 어떤 환경에서 자주 사용하는 형질은 발달해서 전달되는 반면, 그렇지 않은 형질은 퇴화해 사라지게 된다. 그렇다면 생물이 현재 살고 있는 환경에 적응하는 성질을 갖고 있는 이유도 이해할 수 있다.

용불용설은 시간이 지남에 따라 생물이 변화해 다양성을 획득해나간 이유, 그리고 다양한 생물이 환경에 적응한 이유를 모두 설명해준다. 따라서 과학적으로 맞는지 틀린지를 확인할 수 있는 가설로서 과학적 연구의 대상이 될 수 있었다. 이것이 창조설과 크게 다른 점이다. 즉, 용불용설은 과학적인 가설인 것이다. 용불용설의 핵심은 경험을 통해 획득한 형질(획득 형질)이 과연 다음 세대에 계승되는지 여부다. 이것이 성립한다면 용불용설은 원리적으로 맞는 가설이 되기 때문이다.

그러나 운동으로 근육을 발달시킨 동물을 번식시킨 결과 그 자식은 근육이 발달한 상태로 태어나지 않았다. 운동을 시키지 않은 개체의 자식과 차이가 없었던 것이다. 몇 차례 검증이 실시

◆ 라마르크의 용불용설

목이 짧은 기린은 나뭇잎을 먹으려 애쓰다 목이 길어졌다.

되었지만 획득 형질의 유전을 지지하는 결과는 나오지 않았다. 아무리 논리적으로 이치에 맞아도 사실이 뒷받침해주지 않으면 그 가설이 맞다고 인정할 수는 없다. 그래서 라마르크의 용불용설은 과학적 가설로서의 정당성을 인정받지 못했다.

그렇다고 해서 라마르크가 제시한 용불용설의 과학사적 의의가 사라지는 것은 아니다. 과학의 역사에서는 다양한 가설이 제출되고 검증되는 가운데 모순이 없는 것만이 살아남았다. 기존의 과학적 가설로 성립될 수 없었던 '생물은 신이 창조했으며 줄곧 변화하지 않았다'라는 가설 대신, 논리적으로 타당성이 있으며 검증 가능한 과학적 가설인 용불용설을 제출한 라마르크의 공헌을 잊어서는 안 된다.

또 생물은 진화하지 않는다는 생각을 극복하고 생물의 진화를 과학적 논의의 영역으로 끌어올렸다는 과학사적인 의의도 잊어서는 안 될 것이다. '진화론이 어떻게 진화해왔는가?'라는 관점에서 볼 때 라마르크의 용불용설은 '최초의 진화론'이자 진화학을 추구하는 사람들에게 커다란 사건이었다.

그의 뒤를 이어 진화론의 최고 스타 다윈이 등장한다.

진화론 최고의 스타,
다윈의 진화론

다윈의 가설은
오늘날까지 적응 진화를 설명하는
유일한 가설로 살아남았다.

　　다윈이 진화론 최고의 스타인 이유는 세계 최초로 이론적으로나 사실적으로나 모순이 없는 이론, 즉 생물의 다양성과 적응을 설명하는 이론을 발견했기 때문이다. 라마르크의 용불용설은 논리적으로는 가능하지만 안타깝게도 관찰 사실이 그 가설을 뒷받침해주지 못했기 때문에 과학의 가설로 살아남을 수 없었다.

　　다윈의 가설은 무엇이며 어떤 과정을 거쳐서 탄생했는지는 앞으로 설명하겠지만, 이것은 오늘날까지 적응 진화를 설명하는 유일한 가설로 살아남았다. 이는 다양한 관찰 사실이 그의 설을 지지하고 있음을 의미한다.

다윈의 가설은 대략 200년에 걸쳐 살아남았으므로 논리적으로 정합성이 있고 사실과 합치하는 위대한 발견이라고 할 수 있다. 과학의 역사에서는 아인슈타인의 '상대성 이론'과 맞먹는 커다란 발견이다. 이것은 과연 어떻게 탄생했을까?

다윈은 1809년 영국의 어느 유복한 가정에서 태어났다. 그의 젊은 시절 꿈은 의사였다. 꿈을 펼쳐가던 중 생물에 흥미를 느낀 다윈은 다양한 생물을 관찰하고 조사하게 되었다. 그리고 자신의 사고방식에 커다란 영향을 끼친 책 한 권을 만난다. 찰스 라이엘(Charles Lyell, 1797~1875)이 쓴 『지질학의 원리』라는 책이다. 이 책은 산이나 강 등의 지형이 어떻게 만들어졌는지를 설명한 것으로 라이엘은 이 책에서 산과 골짜기가 있는 울퉁불퉁한 지형은 하루아침에 만들어진 것이 아니라 아주 느리게 변화하면서 수백 년에 걸쳐 조금씩 지금의 모습을 갖춰나갔다고 설명했다.

'느린 속도로 진행되는 변화가 오랜 세월 끝에 커다란 변화로 이어진다.' 다윈은 이런 발상을 생물에 대입한 것으로 추측된다. 말하자면 『지질학의 원리』를 읽은 뒤 다윈의 머릿속에서는 '생물은 조금씩 오랜 시간에 걸쳐 변화한 것이 아닐까? 사람들이 생물은 변하지 않는다고 생각하는 이유는 매우 오랜 시간이 걸쳐 일어나는 생물의 변화를 깨닫지 못하기 때문이다.'라는 생각이 싹트지 않았을까 짐작해볼 수 있다.

그후 다윈의 운명을 바꾸는 여행이 기다리고 있었다. 그가 22세 때 배의 의사이자 박물학자 자격으로 영국 해군의 측량선 비글호를 타고 탐험 여행에 나서게 되었던 것이다. 이 여행에서 그는 그때까지 한 번도 본 적이 없는 다양한 생물들을 만났다. 항해 도중에 만난 생물들은 다윈에게 '생물은 변화한다'라는 확신을 심어줬고, 그 배경에 있는 진화의 원리를 발견하는 계기가 되었다.

특히 갈라파고스 제도에서 만난 두 생물은 다윈의 진화론에 커다란 영향을 끼쳤다고 알려져 있다. 하나는 '다윈의 핀치'라고 불리는 작은 새이고, 다른 하나는 거대한 갈라파고스 코끼리거북(땅거북)이었다. 갈라파고스 제도는 19개의 섬으로 이루어져 있으며 중앙아메리카의 에콰도르 연안에서 965km 떨어진 해상에 있다.

이렇게 본토로부터 멀리 떨어져 있는 까닭에 갈라파고스 제도에 있는 생물들은 본토에서 여러 차례에 걸쳐 건너와서 각각의 섬에 정착한 것이 아니라 한 번에 제도로 들어와서 이후 각 섬으로 널리 분포되었다고 생각하는 편이 자연스럽다. 갈라파고스의 다양한 섬을 방문한 다윈은 생물들이 각 섬의 환경에 맞는 생김새를 하고 있다는 사실을 발견했다.

그중 핀치는 모든 섬에 있었는데, 각 섬의 핀치마다 생김새가 미묘하게 달랐다. 특히 부리의 모양이 크게 달랐다. 길쭉하고 뾰족한 부리부터 굵고 짧은 펜치처럼 생긴 부리까지 다양했다. 부리가 가늘고 뾰족한 핀치들은 주로 벌레를 잡아먹었다. 그 핀치들은 가늘고 뾰족한 부리를 능숙하게 이용해 나무 구멍 속에 사는 벌레들을 쪼아먹었다. 한편 부리가 굵고 짧은 핀치들은 나무 열매를 먹었다. 부리가 펜치처럼 두꺼워서 딱딱한 나무열매를 능숙하게 깰 수 있었다. 또한 각각의 부리를 가진 핀치가 사는 섬에는 그 핀치가 먹는 먹이의 양이 많았다.

이상의 관찰 결과는 핀치가 자신이 사는 환경에 적합한 부리를 가졌음을 보여준다. 다만 이것이 창조설의 부정으로 이어지지는 않는다. 어쩌면 부리가 가는 핀치와 굵고 짧은 핀치가 독립적으로 그 섬에 날아갔을지도 모르기 때문이다. 그러나 몸이 무거워서 전혀 헤엄을 치지 못하는 코끼리거북에게서도 같은 현상이 발견된 것은 어떻게 설명할 수 있을까? 코끼리거북은 몸길이가 1m가 넘는 거대한 육지 거북으로 초식성이며 주로 초원이나 얕은 물가에 산다.

코끼리거북의 경우 각 섬에 사는 거북마다 등껍질 앞부분의 모양이 달랐다. 땅에 먹이가 되는 풀이 많아서 목을 높이 뻗을 필요가 없는 섬에 사는 코끼리거북은 등껍질의 앞부분이 움푹 들어가지 않아서 목을 높게 치켜들 수 없었다. 그러나 건조한 기후 때문에 풀이 거의 자라지 않아 뿌리가 목질화(식물의 세포벽에 리그린 성분이 축적되어 견고해지는 현상-옮긴이)된 단단한 선인장류를 주식으로 삼아야 하는 섬에서는 목을 들어 높은 곳에 있는 목질화되지 않은 부분을 먹을 수 있도록 등껍질의 앞부분이 움푹 들어가 있었다.

이처럼 코끼리거북은 절묘하게 환경에 적합한 형질을 갖추고 있었다. 코끼리거북은 헤엄을 칠 수 없기 때문에 물에 빠지면 죽고 만다. 핀치처럼 부리의 모양이 다른 종이 여러 번에 걸쳐 각각의 섬으로 건너갔다고 생각하기는 어렵다. 그렇다면 섬과 섬 사이를 어떻게 건너갔을까? 해수면이 낮아져 육지와 육지가 연결되었을 때 걸어갔거나 쓰러진 나무 등을 타고 바다를 건넜을 것으로 상상해볼 수 있다.

그러나 이런 사실만으로 오늘날 우리가 상식으로 여기듯이 생물이 환경에 적응해 진화했다고는 말할 수 없다. 신이 핀치와 코끼리거북을 그렇게 창조하셨다는 설명도 관찰 사실과 일치하기 때문이다. 앞에서도 이야기했지만, 창조설은 어떤 사실과도 모순되지 않는 까닭에 원리적으로는 증거를 제시해 부정하기가 불가능한 가설이다. 어떤 관찰 사실을 들이대도 "신이 그렇게 만드셨다"라고 말하면 그만이기 때문이다.

증거를 통해 그 이론이 맞지 않음을 과학적으로 증명하지 못

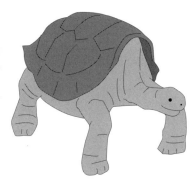

안장형
밑동 부분이 목질화된 식물밖에 먹을
것이 없는 섬에서는 목을 위로 뻗어
목질화되지 않은 부분을 먹을 수 있도
록 등껍질의 앞부분이 움푹 들어갔다.

돔형
땅에서 자라는 풀을 먹이로 삼을 수
있는 섬에서는 일반적인 등껍질 형태
를 유지했다.

하면 그 이론을 부정할 수 없다. 진위를 판정할 수 없기 때문이

다. 이것은 복잡 미묘한 문제로 우주의 탄생에 관한 현대 물리학

의 가설도 비슷한 측면이 있다.

　어쨌든, 당시 사람들은 대부분 창조설을 믿었으며 다윈도 당

연히 그런 신앙 속에서 성장했다. 생물은 변화한다는 인식 자체가 없었기 때문에 오늘날 우리가 당연하게 생각하는 진화의 사실과 그 기능에 관한 가설은 누구도 알지 못하는 미지의 세계였다. 비유하자면 다윈조차도 깊은 우물 속에 살고 있어서 바깥세상이 보이지 않았기 때문에 우물을 통해 보이는 하늘의 모습을 바탕으로 바깥세상이 어떻게 생겼는지 알려고 노력한 셈이었다. 세상에는 극소수이지만 아무도 모르는 것을 간파하는 탁월한 능력을 가진 사람이 있다. 다윈은 그런 위대한 인물이었다.

핀치와 코끼리거북을 만나게 된 비글호의 여행이 즉시 진화론으로 이어진 것은 아니지만, 그 영향은 그의 마음속에 확실히 새겨졌다. 라이엘이 『지질학의 원리』에서 주장한 것처럼 다윈의 진화 사상도 느리지만 차곡차곡 쌓인 끝에 자연 선택설로 모습을 드러낸 것이다.

환경에 적응한 개체만
살아남는다

자연에서 생물이
선택될 수 있을까?
어떻게 가능할까?

비글호 항해 중에 여러 탐사활동을 하고 영국으로 돌아와 다양한 생물을 관찰한 다윈은 점차 생물은 서서히 변화한다는 확신을 품게 되었다. 그렇게 생각하면 오래된 지층에서 새로운 지층으로 갈수록 점점 발달된 생물의 화석이 출토되는 것도 설명할 수 있다. 그러나 어떻게 해서 변화하는지를 논리적으로 설명하지 못하면 진화의 원리를 제시하는 과학 가설로는 성립하지 못한다.

다윈이 이 문제의 답을 찾는 데 커다란 영향을 받았다고 생각되는 것은 품종 개량이다. 당시 영국의 상류 계급 사이에는 비둘기를 교배시켜 특정 성질을 지닌 개체를 선택함으로써 새로운 생김새의 비둘기를 만들어내는 것이 유행이었다. 교배와 선택을 통해 품종을 개량하는 것이다. 비둘기뿐만 아니라 인간의 친구인 개도 품종 개량을 통해 다양한 품종이 만들어졌다. 예컨대 아주 작은 치와와와 대형견인 세인트버나드는 똑같은 종이라고는 생각되지 않을 정도로 다르다. 또한 금붕어도 붕어를 품종 개량한 결과 탄생했다. 이러한 예는 어떤 생물에 대해 교배와 선택을 거듭하면 특정한 형질을 만들어낼 수 있다는 것, 즉 인위적인 선택을 반복하면 원래의 형태에서 다른 형태로 바꿀 수 있음을 명확히 보여준다.

이런 품종 개량의 지식을 토대로 다윈은 다음과 같은 생각을 하기에 이르렀다. 품종 개량의 경우는 인위적인 선택을 통해 생물의 생김새를 변화시키는 것이다. 그렇다면 자연 속의 생물이 어떤 원리에 따라 선택되어 형질이 변하는 일도 가능하지 않을까? 그런데 자연에서 생물이 선택될 수 있을까? 있다면 어떻게 가능할까?

이것이 다윈이 답을 찾아내야 하는 마지막 의문이었다. 그리고 수많은 생물을 조사해온 다윈은 '생물이 어떻게 탄생해서 성장하는가?'에 주목함으로써 이 난관을 돌파했다. 생물은 혼자서 살아가지 않는다. 같은 종류의 다른 개체와 교배함으로써 자식을 낳는다. 요컨대 같은 형질을 지닌 종이라고 부르는 집단을 이루며 생활하는 것이다.

또한 태어나는 수많은 자식이 전부 성장하는 것은 아니다. 병으로 죽기도 하고 다른 생물에게 잡아먹히기도 하면서 극히 일부의 개체만이 어른으로 성장한다. 그리고 자식들 사이에는 미묘한 형질의 차이가 있다. 동물이나 생물을 관찰하는 것으로는 이것을 잘 이해할 수 없을지 모르지만, 인간의 자녀가 저마다 다르게 생겼고 저마다 다양한 개성과 재능을 지녔음을 생각하면 동식물도 마찬가지임을 알 수 있다.

이제 짐작이 가는가? 미묘하게 다른 수많은 자식 가운데 살아남는 개체는 극히 일부에 불과하다. 그렇기 때문에 그 환경에서 효과적으로 살아남을 수 있는 성질을 지닌 개체가 성장 과정에서 선택을 받는다. 이것이 '자연 선택'의 발견이다.

지금까지의 요점을 정리해보자. 생물에게는 교배가 가능한 동종의 개체가 많이 있다. 그리고 태어난 수많은 자식 가운데 어른이 될 때까지 살아남을 수 있는 개체는 극히 일부다. 태어난 자식 가운데 다른 개체보다 현재의 환경에서 살아남기에 적합한 성질의 개체가 있다면 그 개체는 살아남을 확률이 높을 것이다. 즉 평균적으로 좀 더 환경에 잘 적응한 개체만이 살아남는다는 말이다.

수많은 자식 가운데 극히 일부만이 살아남기 때문에 생물 사이에서는 생존을 건 경쟁이 벌어진다. 이것을 '생존 경쟁'이라고 부른다. 생존 경쟁이 거듭되면 품종 개량과 완전히 똑같은 원리로 '그 환경에 적합한 성질을 지닌 개체'가 늘어난다. 생물의 평균적인 성질은 서서히 변화해 좀 더 환경에 적응한 형태가 된다. 이것이 다윈이 생각한 자연 선택설의 골자다.

다만 아직 한 가지 관문이 남아 있었다. 라마르크의 용불용설이 인정받지 못한 이유는 부모가 경험을 통해 획득한 성질이 자녀에게 전달되지 않기 때문이다. 다윈의 자연 선택설도 선택받은 성질이 자녀에게 전해지지 않는다면 그것이 아무리 유리한 성질이라 해도 다음 세대의 집단에서는 사라져버린다. 요컨대 변화가 일어나지 않는다.

현명한 다윈은 물론 이 점을 알고 있었기에 그 문제에 대해 확실한 답변을 준비했다.

당시 유전 체계는 아직 밝혀지지 않았지만, 인간의 경우 자녀는 태어날 때부터 부모를 닮는다. 이 사실을 바탕으로 다윈은 형질의 유전은 분명히 존재하며, 그렇게 유전되는 성질만이 자연 선택을 통해 적응 진화한다고 생각했다.

이처럼 치밀하게 구성된 논리 구조야말로 다윈이라는 인물의 성격과 위대함을 잘 말해주는 증거다. 조금씩 순서에 따라 논리를 서서히 조립한 결과 생물에 관한 인간의 이해를 극적으로 바꾸는 커다란 산맥이 모습을 드러낸 것이다.

신의 존재는 필요없다?
『종의 기원』의 발표

『종의 기원』은
큰 반향을 일으켰다. 신의 존재 없이
생물의 다양성과 적응을
설명할 수 있기 때문이었다.

다윈은 자신이 발견한 자연 선택에 따른 진화 가설을 좀처럼 발표하지 않았다. 이에 관해서는 다양한 추측이 있는데, 자연 선택설에 따른 진화 가설에서는 신의 존재가 필요 없기 때문이라는 이유도 있었을 것이다.

대부분의 사람이 창조설을 믿었던 당시 사회 분위기에서 신의 존재가 필요없다고 말하는 가설을 발표하는 것은 매우 위험한 행동이었다. 지동설을 제창한 갈릴레오 갈릴레이처럼 종교 재판에 회부되지는 않았겠지만, 증거도 없이 발표했다가는 신을 두려워하지 않는 이단자라는 딱지가 붙어 불이익을 당할 수도 있었다.

　신중한 성격이었던 다윈은 더욱 다양한 생물을 관찰하며 자신의 자연 선택설에 모순이 있지는 않은지 끊임없이 검토했다. 물론 완전히 비밀로 감췄던 것은 아니다. 친한 동료 과학자에게는 자신의 아이디어를 털어놓고 토론을 하기도 했다.

　세월이 점점 흘러 다윈이 58세가 되었을 즈음, 놀라운 소식이 날아들었다. 앨프리드 러셀 월리스(Alfred Russel Wallace, 1823~1913)라는 젊은 탐험가가 다윈의 자연 선택설과 같은 견해의 논문을 쓰고 다윈에게 그 논문의 발표를 의뢰하는 내용의 편지를 보내온 것이다. 이렇게 되자, 수십 년이나 신중하게 검토를 거듭해온 다윈도 가만있을 수만은 없게 되었다.

　다윈은 동료 과학자들의 조언에 따라 1858년에 런던 린네 학회에서 월리스와 공동으로 자연 선택에 관한 논문을 발표하게 되었다. 또 1859년에는 『종의 기원』이라는 제목의 책을 출간해 자연 선택설을 공표했다.

　이 일화는 지금의 관점에서 보면 조금 교활한 행동으로 보이기도 한다. 과학계에서는 처음으로 논문을 쓴 사람을 발견자로 여기기 때문이다. 이 규칙을 엄밀히 적용한다면 자연 선택을 발견한 사람은 다윈이 아니라 월리스가 된다. 그래서 다윈이 월리스의 업적을 훔쳤다고 말하는 사람도 있다. 그러나 두 사람은 이

건에 관해 여러 차례 의견을 교환했으며, 월리스도 공동으로 논문을 발표하는 것에 수긍했다고 한다.

다윈이 월리스와 다른 점은 실제로 방대한 종류의 생물을 관찰함으로써 자연 선택설이 현실을 얼마나 설명할 수 있는지 엄밀히 검증했다는 것이다. 덕분에 『종의 기원』은 큰 설득력을 지닌, 다윈 진화 사상의 집대성이라고도 할 수 있는 책이 되었다.

다윈은 그 책에서 자신의 가설을 지지하는 사실뿐만 아니라 자연 선택설로는 설명할 수 없을지도 모르는 예까지 소개했다. 가령 개미나 벌의 부류는 여왕만이 알을 낳고 일개미나 일벌은 알을 낳지 않는다. 자연 선택설의 관점으로는 자식을 낳지 않는데도 어떻게 일하는 성질이 다음 세대로 전해지는지 설명할 수 없다. 아무리 과학자라 해도 자신의 이론에 불리한 사실은 외면하는 경향이 있는데, 다윈은 이 사실을 솔직하게 인정하고 『종의 기원』에 벌이나 개미의 존재는 자신의 자연 선택설로는 설명할 수 없을지도 모른다고 썼다.

다윈의 이런 자세와 저서의 내용은 자연 선택설을 널리 인식시키기에 충분했다. 훗날 월리스는 다윈이야말로 자연 선택설의 제창자로서 손색이 없는 사람이라고 말했다고 한다.

참고로 현대의 진화 이론에서는 벌이나 개미의 유전 현상을 설명할 때, 일개미나 일벌이 여왕의 자식이라는 점을 근거로 내세운다. 즉 알을 낳지 않고 일하는 성질을 관장하는 유전자가 여왕에게도 있어서 여왕을 통해 그 성질이 다음 세대에 계승된다는 것이다. 말하자면 혈연자를 경유한 자연 선택으로 설명하는 것이다.

『종의 기원』은 발매되자마자 매진되었을 만큼 큰 반향을 일으켰다. 다윈의 진화론은 신의 존재 없이 생물의 다양성과 적응을 설명할 수 있기 때문이었다. 과학계에서는 다윈의 명석한 논리가 금세 받아들여졌지만, 일반인들은 반신반의했다. 특히 교회 관계자들은 매우 비판적이어서, 『종의 기원』을 신을 모독하는 추문으로 취급했다. 인간은 신이 만드신 가장 높은 지위의 생물이라는 교회의 가르침과는 전혀 다른 생물관을 제시했기 때문이다. 다윈의 설이 옳다면 인간 역시 아마도 원숭이가 진화해서 탄생했을 뿐 특별한 존재가 아니게 된다. 이에 대한 대중들의 심리적 거부감은 엄청나서, 당시의 신문에는 원숭이의 몸에 다윈의 얼굴을 그림으로써 진화론을 조롱거리로 만드는 풍자화가 실리기도 했다. 그런 상황에서 진화론을 어떻게든 공격하려 했던 교회는 진화론 비판을 거듭했고, 마침내 교회와 진화론자가 직접 대면해 격론을 벌이는 날이 찾아왔다.

1860년 6월 수많은 청중이 빽빽이 들어찬 회의장에 당시 옥

스퍼드의 주교 새뮤얼 윌버포스(Samuel Wilberforce, 1805~1873)가 교회 측의 대표로 등장했다. 이 자리에서 그는 이런 말을 했다고 한다. "여러분, 진화론에 따르면 우리는 그 흉측한 원숭이의 자손이 됩니다. 이런 이야기를 인정할 수 있겠습니까? 절대로 인정할 수 없을 것입니다."

당시 다윈은 병을 앓고 있었기 때문에 진화론자 측의 대표로는 다윈의 친구이며 훗날 '다윈의 불독'이라는 별명으로 불린 토머스 헉슬리(Thomas Henry Huxley, 1825~1895)가 등장했다. 그는 "아하, 그렇소? 나는 논리적으로 생각하면 완전히 수긍할 수 있는 이야기를 믿지 못하겠다고 부정하는, 머리가 딱딱한 인간이기보다는 논리를 인정할 수 있는 흉측한 원숭이의 자손이 되겠소"라고 받아쳤다. 그러자 평소에 오만한 설교만 늘어놓는 교회에 진절머리를 내던 청중들은 헉슬리에게 박수갈채를 보냈다. 이 이야기는 순식간에 대중들에게 널리 퍼지게 되었고, 사회는 점점 다윈의 진화론을 받아들이게 되었다.

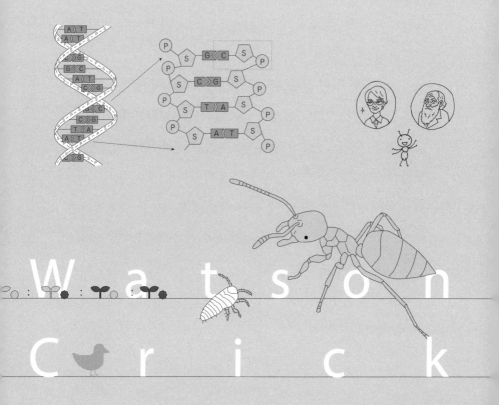

진화는 지금도 일어나고 있다

Watson

Crick

멘델, 유전 법칙을 발견하다

진화라는 현상을
조사하기 위해서는 유전 법칙의
발견을 기다려야 했다.

다윈의 자연 선택설은 다양한 생물 현상을 훌륭하게 설명할 수 있었다. 그러나 이것은 단순히 그런 경향의 변화가 보인다는 예측(정성적인 예측)에 불과하다. 어떤 이론을 과학적으로 엄밀하게 검증하기 위해서는 어떤 힘이 작용하면 어느 정도의 변화가 어떤 방향으로 일어나는지에 대한 예측(정량적인 예측)을 할수 있어야 하며, 또 그 예측과 관찰 사실이 일치하는지에 대한 검증이 필요하다.

그런 의미에서 보면 다윈 시대의 진화론은 아직 미숙한 이론에 불과했다고 할 수 있다. 정량적인 예측을 하기 위해 필요한 조건이 아직 발견되지 않았기 때문이다.

자연 선택에 따른 적응 진화에 필요한 요인을 살펴보면 다음 세 가지로 정리할 수 있다.

1. 진화하는 형질은 부모로부터 자식에게로 전해진다.(유전)
2. 유전하는 형질은 개체마다 차이가 있다.(변이)
3. 그 차이에 따라 살아남을 확률과 자손을 남길 확률에 차이가 생긴다.(선택)

이 세 가지 요소를 전부 갖추면 적응 진화는 자동으로 진행된다. 특히 유전은 진화가 일어나기 위한 절대 조건이다. 그러나 다윈의 시대에는 자식이 부모와 닮았다는 사실에서 유전 현상이 있을 것이라고 추측은 했지만, 아직 그 작용 원리까지는 알지 못했다.

어떤 조건 아래서 한 세대에 얼마나 진화가 진행되는지(형질이 변화하는지)는 유전의 강도와 선택의 강도에 영향을 받는다. 자식이 부모와 닮은 정도와, 어떤 형질을 지닌 개체가 자식을 남길 확률이 높은 정도에 따라 한 세대에 형질이 얼마나 변할지가 결정되기 때문이다. 만약 자식에게 그 형질의 대부분이 전해지지 않는다면 강한 선택이 있더라도 형질은 거의 변하지 않는다.

진화라는 현상을 형질의 양(量)적인 변화로 기술하고 그것이 이론대로 일어나는지를 조사하기 위해서는 변화량을 예측할 필요가 있다. 그러나 이를 위해서는 유전 법칙의 발견을 기다려야 했다.

그 후 멘델(Gregor Mendel, 1822~1884)의 '유전의 법칙'이 등장한다. 성직자였던 멘델은 완두콩을 교배해 다양한 형질이 어떻게 유전되는지를 조사함으로써 그 유명한 멘델의 법칙을 발견했던 것이다. 멘델의 법칙은 다음과 같다.

분리의 법칙 형질은 개체 하나가 지닌 두 개의 유전 요소 위에 있으며, 배우자(난자나 정자)가 생길 때 한 개씩 배우자에 들어간다. 예를 들어 부모의 유전 요소가 '주름 없음'×'주름 있음'의 조합이라면 '주름 없음'을 가진 배우자와 '주름 있음'을 가진 배우자가 1:1로 생긴다.

우열의 법칙 '주름 없음 - 주름 있음'처럼 같은 형태상에 나타나는 다른 형질이 교배되어 조합되면 자식에게 나타나는 형질(우성)과 숨겨지는 형질(열성)이 있다. 예를 들어 '주름 없음'과 '주름 있음'이 조합되면 그 개체의 형질은 '주름 없음'이 된다.

독립의 법칙 다른 형태를 지배하는 유전 요인은 서로에게 영향을 미치지 않고 독립적으로 배우자에 전해진다. 예를 들어 '주름 없음'×'주름 있음'의 조합을 가진 부모에게서는 '주름 없음'을 가진 배우자와 '주름 있음'을 가진 배우자가 1:1로 생기지만, '붉은색'과 '흰색'이라는 형질의 유전 인자는 그 비율에 영향을 받지 않는다. 즉, '주름 없음', '주름 있음'의 유전 인자 중 각각 절반은 붉은색을 띠고 나머지 절반은 흰색을 띤다. 결과적으로 '주름 없음, 흰색' : '주름 없음, 붉은색' : '주름 있음, 붉은색' : '주름 있음, 흰색'이 1:1:1:1로 생긴다.

멘델은 면밀한 해석을 통해 형질을 지배하는 유전 인자는 어떤 형질에 대해 한 쌍(2개)이 있으며 배우자가 될 때 그중 하나가 전해진다는 기본 시스템을 발견했다. 그리고 이 기본 시스템을 바탕으로 '멘델의 3법칙'을 발견했다.

멘델은 과감하게 이 결과를 논문으로 정리해 잡지에 투고했다. 그러나 멘델은 적어도 살아 있는 동안에는 자신의 업적을 인정받지 못했다. 그의 논문은 거의 주목받지 못했고, 그는 실망 속에서 세상을 떠났다.

멘델의 논문이 그 가치를 인정받고 재평가된 것은 1890년대 후반에 세 연구 그룹이 각각 독자적으로 멘델의 법칙을 재발견한 뒤였다. 그리고 오늘날 멘델의 법칙은 모든 생물 교과서에 실리는 생물학의 기본 중 하나가 되었다.

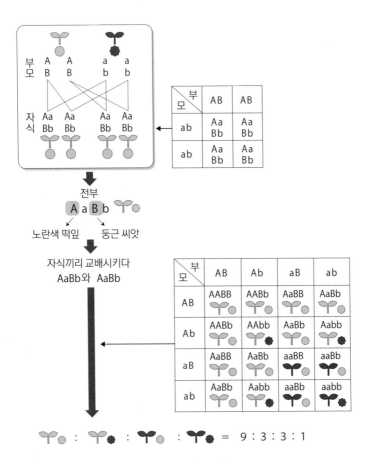

부 모	AB	AB
ab	Aa Bb	Aa Bb
ab	Aa Bb	Aa Bb

전부
A a B b

노란색 떡잎   둥근 씨앗

자식끼리 교배시키다
AaBb와 AaBb

부 모	AB	Ab	aB	ab
AB	AABB	AABb	AaBB	AaBb
Ab	AABb	AAbb	AaBb	Aabb
aB	AaBB	AaBb	aaBB	aaBb
ab	AaBb	Aabb	aaBb	aabb

: : : = 9 : 3 : 3 : 1

노랑·동글   노랑·주름   초록·동글   초록·주름

멘델이 발견한 유전의 법칙은 모든 생물에 적용되지는 않는다. 인간을 포함해 '2배체 생물'이라고 부르는, 머리끝부터 발끝까지 생물을 만들어내는 유전 정보(게놈)를 두 쌍 가지고 있는 생물에 대해서만 성립한다.

대부분의 생물은 2배체인데, 2배체 생물의 개체는 두 개의 게놈 중 하나만을 난자나 정자에 전달한다. 그리고 난자와 정자가 합체함으로써 다시 2배체의 개체가 된다.

어쨌든 멘델의 발견을 통해 자연 선택설에 꼭 필요한 유전 메커니즘이 밝혀졌다. 생물의 다양한 형질은 각각 자식에게 전해지는 유전 인자(=유전자)에 따라 결정되며, 유전자가 지배하는 형질에 자연 선택이 작용함으로써 그 형질이 진화한다고 생각할 수 있게 되었다. 또한 유전자가 어떤 조합이 되었을 때 어떤 형질이 나타나는지를 알게 됨으로써 유전자의 조합(유전자형)과 그에 따라 나타나는 형질(표현형)의 관계를 조사할 수 있게 되었다.

우열의 법칙에 따르면 다른 유전자가 조합되었을 때 어느 한쪽 유전자의 형질이 전면에 나타나게 되는데, 실제로는 중간적인 성질이 발생할 때도 있다. 가령 분꽃의 경우는 빨간색 분꽃과 흰색 분꽃의 유전자가 결합하면 분홍색 분꽃이 된다. 이를 '중간 유전'이라고 한다. 자연 선택은 어떤 형질을 지닌 개체가 얼마나 자손을 잘 남길 수 있느냐에 따라 작용하므로 다른 형질을 나타내는 유전자가 선택되었다고 생각할 수 있다.

유전의 메커니즘이 밝혀짐에 따라 한 세대당 얼마나 진화가 진행되느냐를 유전자 빈도의 변화로서 파악할 수 있게 되었다. 유전자 빈도란 교배 집단의 모든 유전자 중에서 문제가 되는 유전자(예를 들면 빨간색 꽃)의 비율을 나타낸다. 절반이 붉은색 꽃의 유전자라면 유전자 빈도는 0.5다.

이와 같은 개념을 '집단 유전학'이라고 부른다. 집단 유전학을 통해 유전의 법칙과 자연 선택에 바탕을 둔 유전자 빈도의 변화로써 진화를 파악할 수 있게 되었다.

그러나 아직 알 수 없는 점이 있었다. 유전자가 줄곧 변화하지 않는다면 집단 속에서 변이는 발생하지 않는다. 요컨대 진화의 세 가지 조건 중 하나인 변이가 일어나지 않으므로 진화가 진행되지 않는 셈이 된다.

변이는 어디에서 일어날까? 어떻게 발생할까?

이 수수께끼를 풀기 위해서는 유전자의 정체를 밝힐 필요가 있다.

변이는 어떻게 일어나는 것일까

이제 다음 문제는 '이 유전자의 정체는 과연 무엇인가?'가 되었다.

멘델 덕분에 생물의 형질은 어떤 유전 인자와 함께 자식에게 전해짐이 밝혀졌다. 이제 다음 문제는 '이 유전자의 정체는 과연 무엇인가?'가 되었다. 자연 선택설에 따르면 선택을 받는 집단 속에는 다양한 형질의 개체가 존재하게 되어 있다(=변이). 그렇다면 어떻게 집단 속에 변이가 나타나는 것일까? 조금 생각해보면 알 수 있지만, 자연 선택은 집단 속의 특정한 개체(환경에 적합한 개체)만이 자손을 남긴다는 것이므로 변이는 점점 줄어들어야 할 것이다. 그렇다면 언젠가 변이가 사라짐에 따라 진화는 멈추고 마는 것일까?

이와 같은 문제에 답하기 위해서는 유전자란 무엇이며 어떤 작용으로 변이가 일어나는지를 알아야 한다. 수많은 생물학자가 '유전자는 무엇으로 구성되어 있으며 유전 정보는 어떤 구조로 자식에게 전해질까?'라는 생물학의 커다란 문제에 도전했다. 그리고 바이러스를 사용한 실험에서 그 해답을 얻게 되었다.

바이러스는 세포에 달라붙어 세포 안에서 자신을 대량으로 복제해내는 존재다. 바이러스는 생존에 필요한 물질인 핵산(DNA 또는 RNA)과 소수의 단백질만을 가지고 있으므로, 그 밖의 모든 것은 숙주세포에 의존하여 살아간다. 즉 대사 시스템을 가지고 있지 않기 때문에 스스로 자신을 재생산하지 못한다. 그래서 생물인가 아닌가에 대해서는 의견이 분분하다.

바이러스에 감염된 세포는 바이러스를 대량으로 복제하고 파괴된다. 자기 복제를 위해 바이러스의 유전자가 세포의 대사 시스템을 이용하는 것으로 생각된다. 바이러스는 핵산과 단백질만으로 구성되어 있으므로 유전자의 정체는 다음의 세 가지 중 하나일 가능성이 있다.

1. 핵산
2. 단백질
3. 양쪽 모두

미국의 미생물학자인 앨프리드 허시(Alfred Hershey, 1908~1997)와 마사 체이스(Martha Chase, 1927~2003)는 교묘한 실험을 통해 이를 검증했다. 단백질에는 황(S)이 존재하지만 핵산에는 황이 없다. 그래서 바이러스의 단백질에 방사성 황으로 표지를 달고, 핵산에는 방사성 인산으로 표지를 달았다. 그리고 세포에 바이러스를 감염시킨 다음 그 배양액을 원심 분리했다. 세포는 바이러스에 비해 훨씬 크고 무거우므로 금방 침전된다. 그러나 바이러스는 가볍기 때문에 좀처럼 가라앉지 않는다. 따라서 원심 분리의 세기를 조절하면 세포와 바이러스를 분리할 수 있다. 그리고 침전된 세포에 어떤 방사성 물질이 들어 있는지 분석하면 유전자로서 세포 속에 들어 있는 것이 어느 쪽인지(혹은 양쪽 모두인지) 알 수 있다.

그 결과, 감염된 세포에 들어간 것은 DNA였다. 유전자는 DNA임이 멋지게 증명된 것이다. 이렇게 설명하면 간단해 보이지만, 아무것도 모르는 상태에서 이 아이디어를 생각해내 실험에 옮기기까지는 실패도 여러 번 겪고 쉽지 않은 과정이었을 것이다.

고등학교 생물 교과서에는 이런 사실이 많이 소개되어 있다. 그러나 교육을 통해 우수한 과학자를 키워내거나 학생들이 과학을 좋아하게 만들려면 적어도 위대한 성과를 남긴 사람들이 어떤 과정을 거쳐 그 실험을 해냈는지 정도는 알려줘야 하지 않을까? 그런 의미에서 볼 때 교과서들은 대체로 이론 설명에 치중하느라 무미건조한 내용이 많다.

어쨌든 위의 실험을 통해 유전자의 정체는 DNA임이 밝혀졌다. 이제 다음 목표는 DNA가 어떤 구조를 띠고 있으며 어디에 어떻게 유전 정보가 기록되어 있는가를 밝혀내는 것이다. 물론 이 과제에도 수많은 과학자가 도전했다.

당시 물질의 구조를 결정하기 위해 사용했던 방법은 구조를 결정하고자 하는 물질에 방사선을 쪼여서 다시 튀어나온 방사선의 그림자를 X선 필름으로 포착해서 그 영상을 분석하는 것이었다. 이 방법은 고도의 사진촬영 기술이 필요했다. 웬만한 사진으로는 정확한 구조를 추정할 수 없기 때문이다. 당시 이 분야에서 치열하게 경쟁한 사람은 미국의 제임스 왓슨(James Watson, 1928~)과 로잘린드 프랭클린(Rosalind Franklin, 1920~1958)이었다. 특히 프랭클린은 사진촬영 기술이 뛰어났는데, 성격이 유별나서 타인과 그다지 잘 지내지 못했다고 한다.

어느 날, 아이디어가 막힌 왓슨은 프랭클린의 연구소를 찾아갔다. 이 무렵 왓슨은, DNA가 길게 이어진 세 개의 쇠사슬이 휘감긴 '삼중나선 구조'를 띠고 있지 않을까 생각했던 모양이다. 그런데 마침 프랭클린이 자리에 없었고, 왓슨은 그곳에 있었던 프랭클린의 동료에게 그녀가 촬영한 사진을 보여달라고 부탁했다고 한다. 대개는 라이벌 연구자에게 사진을 보여주려 하지 않겠지만, 그녀를 그다지 좋게 생각하지 않았던 동료는 책상 위에 있던 사진을 왓슨에게 보여줬다. 왓슨은 그 사진을 유심히 바라보고는 즉시 돌아가서 자신이 본 이미지를 공책에 적었다. 그리고 얼마 후, 저명한 과학 잡지인 〈네이처〉에 왓슨과 영국의 프랜시스 크릭(Francis Crick, 1916~2004)의 공동 명의로 DNA의 구조를 보고하는 짧은 논문이 발표되었다. 1953년에 일어난 일이다.

◆ DNA의 구조(이중나선과 ATGC)

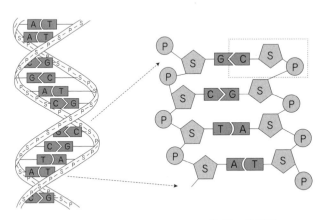

S : 당   P : 인산
◀ DNA의 분자 구조 ▶

이렇게 해서 DNA는 이중나선이며 한쪽 사슬에 아데닌(A), 티아민(T), 구아닌(G), 사이토신(C)의 네 가지 염기가 나열되고 반대쪽 사슬에는 'A에는 T'가, 'G에 C'가 쌍을 이루듯이 나열되는 구조임이 밝혀졌다. 아마도 유전 정보는 이 염기의 배열에 따라 기록되는 것으로 생각되었다.

왓슨과 크릭은 이 업적으로 노벨상을 받았는데, 앞에서 소개한 일화를 근거로 프랭클린의 업적을 훔쳤다고 주장하는 사람도 있다. 진실은 알 수 없지만, 이와 같은 인간관계가 얽힌 일화는 과학을 좀 더 가깝게 느껴지도록 만드는 요소일 것이다.

여담이지만 왓슨은 최근에 노벨상 메달을 경매에 내놓았는데, 낙찰 가격은 약 475만 달러(약 53억 원)였다고 한다.

마지막으로 남은 수수께끼는 네 가지 염기의 배열이 어떻게 유전 정보를 결정하느냐 하는 문제다. 앞에서 이야기했듯이 DNA는 한쪽에 A, T, G, C라는 네 가지 염기가 길게 연결된 사슬로 구성되어 있으며, 두 사슬이 역방향으로 마주하는 구조를 띠고 있다. 양쪽 사슬은 A에 대해서는 T가, G에 대해서는 C가 마주보도록 짝을 이룬다. 이것을 상보적이라고 하는데, 이것은 '양사슬에는 같은 정보가 보존되어 있다'는 말이다. 예컨대 한쪽의 사슬이 AGCTGCTA라면 반대쪽 사슬은 TCGACGAT이 되며,

같은 정보가 상보적인 형태로 보존되어 있다는 말이다.

유전자의 정체가 DNA라는 사실은 이미 증명되었으므로 이 염기의 배열이 유전 정보를 나타낸다는 것을 짐작할 수 있다. 그런데 생물의 몸속에서 대사 등의 화학 반응을 조절하는 물질은 단백질로 구성된 효소임이 밝혀졌다. 효소가 화학 반응의 속도를 조절함으로써 몸속의 다양한 물질이 만들어져 생명 활동이 영위되는 것이다.

단백질은 20종류의 아미노산이 사슬 모양으로 연결된 구조를 띠고 있다. DNA의 염기는 네 가지이므로 하나의 염기가 하나의 아미노산을 지정한다면 네 종류의 아미노산밖에 지정하지 못한다. 두 염기가 하나의 아미노산을 지정한다면 $4 \times 4 = 16$종류의 아미노산이 최대치다. 그러나 실제로는 20종류의 아미노산이 사용되고 있으므로 최소한 세 염기의 조합이 하나의 아미노산을 지정한다고 생각할 수 있다.

그래서 어떤 염기 서열의 DNA를 인공적으로 합성하고 여기에서 단백질을 합성시킴으로써 유전 정보가 어떻게 보존되는지를 조사하는 실험이 실시되었다. 예를 들어 AAAAAAAAA라는 배열의 DNA에서 단백질을 만들게 했더니 페닐알라닌-페닐알라닌-페닐알라닌이라는 아미노산의 배열이 발견되었다. 그래서 AATAATAATAAT로 실험해봤더니 로이신-로이신-로이신,

AAATAAATAAATAAAT로 실험해보니 페닐알라닌-아이소류신-타이로신-로이신-페닐알라닌-(반복)이라는 배열이 발견되었다. 요컨대 세 염기의 조합(코돈)이 하나의 아미노산을 지정한다는 것이 확인된 것이다.

이로써 수수께끼가 풀렸다. 네 종류의 염기 중 세 개의 조합은 전부 $4 \times 4 \times 4 = 64$종류가 있다. 그 모든 조합에 대해 어떤 아미노산을 지정하는지가 조사되었고, 그 결과 아미노산 사슬에 대한 판독을 시작하는 코돈과 정지하는 코돈이 있음도 밝혀졌다.

이로써 진화를 가져오는 유전의 수수께끼가 풀린 것이다. 유전을 관장하는 물질은 DNA이며, 그 안에 있는 염기의 배열이 아미노산의 배열, 나아가서는 형질의 형태를 결정한다. 이것이 유전자로, DNA 내 염기 서열의 차이가 개체 간 형질의 차이를 낳으며 그 차이에 자연 선택이 작용하면 적응 진화가 일어나는 것이다.

자연에서 진화가 진행되려면 또 한 가지 명확히 해야 할 것이 있다. 자연 선택을 통해 특정 유전자형만 살아남게 된다면 진화는 멈추고 만다. 진화가 계속되기 위해서는 집단 속에 새로운 유전적 변이가 지속적으로 공급되어야 한다. 또 그 변이는 DNA의 염기 서열 위에서 발생하는 것이어야 한다. 그렇다면 형질의 개체 차이를 가져오는 유전자의 변이는 어떤 메커니즘으로 일어나는 것일까? 이것이 밝혀진다면 자연 속에서 진화가 끊임없이 계속됨을 과학적으로 증명할 수 있을 것이다.

특정 종류의 생물에 유전하는 변이가 일어난다는 것은 초파리에게 방사선을 쪼이는 연구를 통해 밝혀졌다. 초파리에게 방사선을 쪼이면 그때까지 없었던 형질을 지닌 자손이 높은 확률로 태어나며 그 성질은 유전된다. 평범하게 초파리를 기르면 그런 변이가 나타날 확률이 매우 낮지만, 방사선을 쪼이면 그 출현율이 급격히 높아지는 것이다.

이런 변이는 유전현상을 연구하는 데 큰 도움이 되었기 때문에 학자들은 이처럼 인공적인 방법으로 다양한 형질을 지닌 초파리를 만들었다. 이렇게 해서 날개가 작아진 것, 눈이 흰 것, 눈이 없는 것, 다리가 8개인 것 등 다양한 개체가 나타났는데, 이처럼 변화된 형질이 자손에게 유전되는 현상을 '돌연변이'라고 부른다.

돌연변이를 발생시키는 메커니즘은 서서히 밝혀졌다. 그 대부분은 '점 돌연변이'라고 부르는 것으로, 단백질을 구성하는 아미노산을 지정하는 코돈의 세 염기 중 하나가 다른 것으로 변화함에 따라 아미노산의 종류가 달라져 형질이 변화하는 것을 말한다.

DNA는 세포가 분열될 때 이중나선이 풀리며, 각 사슬의 염기 서열은 각 사슬을 거푸집(주형) 삼아 원래의 이중나선 구조와 똑같은 것이 복제된다. 그리고 이렇게 해서 두 개가 된 게놈이 각각의 세포에 들어가 원래와 같은 세포가 된다. 이때 거푸집의 염기에 대응하지 않는 잘못된 염기가 사슬에 들어가면 다음에 복제될 때는 잘못된 짝을 이루는 염기가 되어버려 원래의 DNA의 염기 서열과는 다른 배열이 고정된다. 즉, 일종의 복사 오류가 일어나 돌연변이가 발생하는 것이다.

DNA의 구조가 판명되고 복제의 작용 원리가 밝혀짐에 따라 진화에 필요한 변이가 어떻게 발생하는지도 점차 밝혀졌다. 단백질의 아미노산 배열이 변하면 효소나 형질의 소재인 단백질의 활동이 미묘하게 달라지기 때문에 만들어내는 형질이 그 전과는 다른 것으로 변화할 것이다. 코돈에서 일어난 염기 치환은 자손에게 계승되기 때문에 유전하는 변이를 필요로 하는 진화의 세 가지 조건 중 하나를 만족시킨다. 또 자연 상태에서도 매우 낮은 확률이기는 하지만 이런 유전적인 배경을 지닌 돌연변이가 발생한다.

이와 같이 DNA에서 발생한 돌연변이로 인해 형질이 바뀐 개체에 자연 선택이 작용하면서 진화가 일어난다. 그리고 변이체는 지속적으로 공급되기 때문에 진화는 끝나지 않고 영원히 계속된다. 이처럼 돌연변이의 발견으로 진화 개념의 기본형이 완성되었다.

DNA의 움직임만으로
진화를 설명하는 종합설

　　라마르크가 용불용설을 통해 진화의 개념을 만들고 다윈이 자연 선택설로 진화의 작용 원리를 밝힌 이후 얼마간의 시간이 흘렀다. 유전의 원리와 유전자의 정체, 그리고 유전자 복제 시스템 위에서 돌연변이가 발생하는 과정이 밝혀지자 진화론은 이들을 조합해 새로운 단계로 변모했다. 이른바 종합설이 탄생한 것이다.

　　다윈의 진화학설에서는 명확하지 않았던 유전 현상을 도입해 진화론을 새롭게 만든 것인데, 그 내용은 진화의 3원칙을 새로운 견지에서 뒷받침한 것이라고 할 수 있다. 구체적으로는 다음과 같다.

1. DNA로 구성된 유전자가 자손에게 전해지고, 여기에 기록된 유전 정보가 형질을 발현시킴으로써 형질이 유전된다.(=유전)

2. DNA를 복제할 때 염기를 잘못 집어넣어 염기 서열에 변화를 일으킴에 따라 합성되는 아미노산 사슬의 배열이 변화해 부모와 다른 형질이 나타난다.(=변이)

3. 태어난 변이 개체 사이에서 다음 세대에 남길 DNA의 복제 수에 차이가 생겨 그중 더 많은 쪽이 진화해 간다.(=선택)

한마디로 진화의 종합설은 진화의 모든 과정을 DNA로 구성된 유전자의 움직임으로 환원해서 이해하려는 태도라고 할 수 있다.

과학이란 최대한 단순하게, 쓸데없이 추가되는 가정(이를 애드혹ad hoc 가정이라고 한다)이 없는 설명을 지향하며, 이것은 '최절약 원리'라고 부르는 과학 전체를 관통하는 대원칙이다. 최절약 원리의 관점에서 보면 DNA의 움직임만으로 진화를 설명할 수 있는 '종합설'은 과학자들에게 받아들여질 확률이 매우 높은 이론이라고 할 수 있다. 또 생물은 특별한 본질을 가지고 있으며, 그렇게 진화하려는 목적을 갖고 진화한다는 생기론(生氣論, '본질론'이라고도 함)과 비교해도 '본질'이라고 하는 애드혹 가정을 둘 필요가 없는, 과학적으로 훌륭한 설명이다.

잠시 이야기가 샛길로 빠지지만, '본질론'은 인간이 사물을 과학적으로 생각할 때 피할 수 없는 문제다. 앞의 예에서 살펴봤듯이 생물에게는 세대를 초월한 어떤 본질이 있으며 그에 가까워지도록 변화하는 것이라면 과연 적절한 설명이라고 할 수 있을까? 아니다. 이것은 아무것도 설명하지 못한다. 이래서는 "신의 힘이 모든 것을 결정한다"라는 말과 다를 것이 하나도 없다. 신 대신 본질이라는 말이 들어갔을 뿐이다.

과학적인 설명이란 어떤 현상이 어떻게, 그리고 왜 일어났는지를 신비한 힘을 개입시키지 않고 논리적으로 밝혀내는 것이다. 따라서 문제의 설명을 본질에 떠넘기는 것은 과학 사상을 포기하는 행동이다.

그러나 인간은 본질론을 좋아한다. 개개의 생물에게는 그것을 성립시키는 본질이 있다. 생물을 개인으로 바꾸면 쉽게 이해할 수 있을 것이다. 그러나 개인이라고 해도 자극에 반응하는 양상이 사람마다 다를 수 있다.

인간의 뇌는 매우 복잡하며, 그 양상은 경험에 따라서도 달라진다. 우리는 그런 반응의 다양성을 인격이라고 부르고 있을 뿐이다. 아니, 인간이 아닌 기계조차도 그런 개성을 지니고 있다. 자동차를 운전하는 사람은 알겠지만 같은 차종이라도 운전자에 따라 운전하는 습관이 저마다 다르며, 최근에는 아이가 청소 로

봇에 특별한 애착을 갖는 바람에 새것으로 바꾸지 못한다는 어느 주부의 이야기도 들은 적이 있다. 대부분의 기계는 수많은 부품으로 이루어져 있으므로 그 작은 차이의 조합이 개성을 만들어낸다고 할 수 있다.

우리는 대개 개성의 이면에는 그것을 성립시키는 본질이 있다고 생각한다. 이런 본질론을 확장해 개나 인간 같은 종에는 역시 본질이 있으며 그 본질이 '종'임을 증명한다. 또한 종에는 실체가 있다는 사고방식도 있다. 아니, 오늘날 학자들 중에도 그렇게 생각하는 사람이 많을 것이다.

다윈은 이런 본질론을 신봉하는 당시의 분류학자들과 '종이란 무엇인가?'에 관해 격렬한 논쟁을 벌였다. 다윈은 '종'이라는 실체가 존재하는 것이 아니라 그중 어떤 개체에 자연 선택이 작용한 결과 새로운 종이 만들어진다고 생각했다. 즉 본질론을 부정하고 종의 본질인 신비한 힘 따위는 없다고 주장한 것이다.

그런 까닭에 다윈은 당시의 분류학자들과 격렬히 대립했다. 재미있는 사실은 다윈이 진화론을 전개한 책의 제목이 『종의 기원』이지만 그 책에는 '종이란 무엇인가?'라는 주제가 전혀 등장하지 않는다는 것이다.

이와 같이 본질론은 인간이 친근감을 느끼기 쉬운 사상이다.

아마도 인간은 아주 오래전부터 무리를 지어 살았으며 그 속에서 동료의 행동 패턴을 인격으로 파악하고 그에 대응하는 행동 패턴을 선택했을 것이다. 그렇게 하는 것이 생존에 유리했기 때문이다. 그래서 인간은 본질적 사고를 하는 것이리라.

지금의 추론은 과학적인 가설이며 검증할 수도 있다. 예컨대 무리를 이루고 서로 의사소통을 하면서 사는 동물과 그렇지 않은 동물을 대상으로 개성의 배후에 본질을 상정하느냐 하지 않느냐를 비교하면 될 것이다. 만약 무리를 이루고 사는 동물만이 본질론을 선택하거나 사용하는 경향이 있다면 본질주의는 무리를 이루는 성질과 함께 진화해온 특성인 셈이기 때문이다.

과학적인 사고는 그것이 탄생한 이래 줄곧 본질론과 싸워왔다. 특히 미국에서는 여전히 창조설을 믿는 사람이 많아서 창조설과 싸우는 방법을 다룬 책이 출판되고 있을 정도다. 그런 사회이기에 본질론과는 무관한 형태로, 게다가 물질적인 근거를 바탕으로 진화를 설명하는 종합설이 과학적 사고를 하는 많은 사람들에게 받아들여진 것이라고 생각할 수 있다. 그런 까닭에 종합설은 순식간에 진화론의 주류로 떠올랐다. 종합설이 아니면 진화론이 아니라는 주장이 있을 만큼 극진한 대접을 받게 된 것이다.

자연은 비약하지 않는다

긴 시간에 걸쳐
연속적으로 일어난 작은 변화가
커다란 차이로 발전한다.

종합설이 진화론의 결정판으로 화려하게 등장했지만, 비판도 만만찮았다. 첫 번째 쟁점은 진화의 연속성에 관한 것이었는데, 이에 관해서는 약간의 보충 설명이 필요할 것 같다.

다윈이 지질학자인 라이엘의 사상에 영향을 받았다는 이야기는 이미 앞에서 했다. 지형은 수백, 수천, 수만 년이라는 시간에 걸쳐 조금씩 변화를 진행한 끝에 마침내 깊은 골짜기와 높은 산 같은 웅대한 지형이 된다. 로마는 하루아침에 이루어지지 않았듯, 긴 시간에 걸쳐 작은 변화가 연속적으로 일어나 커다란 차이로 발전한다.

다윈은 생물의 진화도 마찬가지라고 생각했다. 자연 선택은 세대가 바뀔 때마다 생물 집단이 가진 형질의 평균치를 조금씩 바꾸며, 그렇게 오랜 시간이 흐른 끝에 새로운 형질이 고정된다. 생물은 이런 과정을 거쳐서 다양화된다는 것이 그의 생각이었다. 이에 대해 다윈은 "자연은 비약하지 않는다"라고 말했다.

다윈의 연속적 진화관은 종합설의 등장 이전부터 때때로 논란의 대상이 되었다. 다윈의 생각이 옳다면 새로운 '종'이 탄생할 때는 원래의 생물과 새로운 생물의 중간적인 형질을 지닌 생물이 반드시 존재해야 한다. 그러나 실제로 진화하고 있는 중간적인 생물은 발견된 적이 없으며, 그 기간이 수만 년에 이른다면 직접 확인하기는 불가능할 것이다.

그래서 사람들은 화석에서 증거를 찾으려 했다. 창조설이 위세를 떨쳤던 시대에는 화석에 대해 신을 거역해 멸망한 종족의 뼈라든가, 애초에 그렇게 지층에 묻힌 상태로 창조되었다는 식으로 해석했다. 그러나 진화론이 확산된 뒤에는 화석을 과거에 존재했던 생물이 지층에 묻혀 석화된 것으로 해석했다. 따라서 화석 기록을 조사하면 변화 과정에 중간적 생물이 있었는지 확인할 수 있을 것이라고 생각했다.

그런데 서로 모습이 다른 생물의 화석은 출토되었지만 생물이 연속적으로 변화하며 진화하는 모습은 파악할 수가 없었다. 즉, 화석 기록에서는 생물이 나타나면 일정 시간 동안 같은 모습을 유지하다가 어느 날 갑자기 다른 형태의 생물로 치환되는 양상을 볼 수 있었던 것이다.

이 양상에 대한 해석은 두 가지다. 첫째는 생물의 진화는 느리고 연속적으로 일어나는 것이 아니라 어느 순간 급속히 일어난다는 것이다. 그리고 둘째는 살아 있는 동안에 화석이 되는 생물은 극소수이므로 중간적인 생물에 대한 증거가 남아 있지 않을 뿐이라는 것이다. 그러나 진화에 관해 밝혀진 것이 거의 없었던 당시는 이 논쟁에 종지부를 찍을 수가 없었다. 이것은 진화론의 역사에서 상당히 커다란 문제로 부각되었고 때때로 논쟁의 표적이 되었다.

1972년 미국의 고생물학자인 나일스 엘드리지(Niles Eldredge, 1943~)와 스티븐 제이 굴드(Stephen Jay Gould, 1941~2002)가 화석 기록의 패턴을 해석하고 이렇게 주장했다. "생물은 장기간에 걸쳐 거의 모습을 바꾸지 않다가 아주 단기간에 갑자기 수많은 생물이 급속히 진화한다. 진화의 역사는 이러한 과정의 반복이다. 따라서 진화는 점진적이지만은 않으며 어느 순간 갑작스럽게 일어날 수 있다." 이것을 '단속 평형설'이라고 부른다. 이는 다윈 진화론의 연속적인 진화관을 부정하는 것으로, 굴드 등은 다윈의 이론에 의거해 진화를 설명하는 것 자체에 문제가 있다고 지적한다.

연속성과 불연속성은 진화론의 역사에서 매우 중요한 주제다. 이것을 종합설의 관점에서 생각해보면 어떻게 될까? 종합설에서는 유전자인 DNA에 있는 염기가 다른 염기로 치환됨으로써 아미노산 배열이 바뀌어 형질에 변화를 가져온다고 생각한다. 이때 가장 작은 변화는 하나의 염기가 다른 염기로 바뀌는 것(=점 돌연변이)이다. 염기는 A, T, G, C의 네 종류뿐인데, 어떤 하나에 변화가 일어났을 때 그것을 연속적이라고 할 수 있을까? 아니다. 이는 불연속적인 변화다. DNA에 일어나는 점 돌연변이는 물질의 구조가 불연속인 이상 불연속적인 변화만 가져올 수 있다.

그렇다면 연속적인 진화론은 틀린 주장일까? 그렇다고 단언할 수도 없다. DNA에 일어나는 변화가 불연속적이라고 해서 형질에 나타나는 변화도 불연속적이라는 보장은 없기 때문이다. 분명히 우열의 법칙이 작용한 형질에서는 중간적인 형질은 발생하지 않으며, 대립 유전자의 헤테로 접합(대립된 유전자가 서로 다르게 조성되는 일, 즉 이형접합)에서도 우성의 형질만 발현된다. 그러나 멘델이 유전의 법칙을 발견하기 위해 이용한 분꽃의 색 유전자는 흰색-흰색이면 흰색, 붉은색-붉은색이면 붉은색이 되지만, 붉은색-흰색이라는 대립 유전자의 조합일 경우는 중간인 분홍색이 된다. 머리카락 색의 유전자도 흑발과 금발의 조합이면 중간 형질인 갈색 머리카락이 나타난다고 알려져 있다. 이러한 변이가 점 돌연변이인지 아닌지는 차치하고, 다른 유전적 기반을 가진 변이가 조합되면 중간적인 형질이 발생하는 중간유전은 분명히 존재한다.

결국 문제는 DNA에 일어난 불연속적인 변화가 형질로 나타날 때 어떤 식으로 표현되느냐(=표현형)다. 가령 어떤 대립 유전자를 통해 어떤 색소가 만들어진다고 가정해보자. 두 유형의 대립 유전자를 가질 경우 양쪽의 색소가 만들어진다면 중간인 색이 나올 것이고, 어떤 유전자를 가지고 있어 어떤 형질을 만들어내는 유전자의 계열이 충분히 작용하고, 하나라도 대립 유전자를 가지고 있다면 그 계열의 형질이 나타날 것이다(=우열의 법칙). 종합설을 근거로 생각하면 DNA의 변화는 언제나 불연속적이지만, 그것이 형질에 끼치는 변화는 언제나 불연속적이라고 장담할 수는 없다는 얘기다.

결론적으로 DNA의 구조와 변이의 발생 방식을 감안해도 불연속적인 진화가 일어날 가능성이 없다고는 말할 수 없다. 특히 종합설이 제시된 당시는 DNA의 변화가 형질에 어떤 영향을 끼치는지가 거의 알려져 있지 않았던 탓에 진화의 연속성 문제에 종지부를 찍을 수 없었다.

변이가 아닌 선택과 연속성에 관해 한 가지만 더 이야기하고 넘어가야겠다. 다윈의 자연 선택설을 실증한 사례 가운데 가장 유명한 사례인 나방의 공업 암화(工業暗化)에 대한 이야기다.

예전부터 유럽에 살고 있던 나방인 점박이나방(peppered moth : *Biston betularia*)은 나무줄기에 올라앉는 경향이 있었는데, 이 나방의 날개색은 원래 흰색이었다. 하지만 공업화가 진행되면서 날개가 검은색인 나방이 많이 보이기 시작하더니 19세기 말에는 대부분의 점박이나방이 검은색이 되었다. 즉 도시에 공장이 건설되고 공장에서 배출된 매연으로 나무껍질이 검게 변하자 검은색 나방의 비율이 늘어났던 것이다. 흰 나무껍질에 앉은 흰색 나방은 눈에 띄지 않지만 검은색 나방은 금방 눈에 띈다. 따라서 새에게 잡아먹히지 않고 살아남을 확률은 흰색 나방이 더 높았다. 그러나 나무껍질이 검게 변하자 검은색 나방이 더 눈에 띄지 않게 되었고, 그 결과 검은색 나방의 비율이 증가한 것으로 해석되었다.

자연 선택설을 인정하지 않고 그것을 부정하는 사람들은 이 해석에 대해 이런저런 트집을 잡았지만, 훗날 이것이 옳다는 것이 증명되었다. 이때 나방은 먼저 회색이 된 다음에 서서히 검은 개체가 늘어난 것이 아니라 원래부터 있었던 검은색 나방이 늘어난 것이었다. 요컨대 불연속적인 표현형을 지닌 여러 유전적 변이체 사이에서 자연 선택이 작용한 결과 한쪽의 빈도가 변화한 것이다. 그런 의미에서 불연속적인 진화가 일어났다고 할 수 있다.

그러나 이미 존재하던 두 표현형이 점 돌연변이에 따라 규정되었는지는 알 수 없다. 역시 진화의 연속성 문제는 해결되지 않은 채 남게 되었다.

진화는 종합설에 기초해 일어날까

종합설은 다윈의 자연 선택설에다 그후 밝혀진 유전의 방식과 유전자인 DNA의 구조, DNA의 복제 원리에 대한 지식을 조합했다. 이것은 집단에서 일어나는 유전적 변이체의 생성에서 자연 선택을 통한 적응의 완성까지 설명한 가설이다. 이론적으로는 분명히 성립하는 가설이지만, 과학적 사실로서 인정받기 위해서는 생물의 진화가 그 작용 원리에 따라 일어나고 있다는 증거를 제시해야 한다. 라마르크의 용불용설이 사실로 인정받지 못한 것도 후천적으로 발달한 형질이 자손에게 유전된다는 라마르크설의 전제가 사실로 인정받지 못했기 때문이다.

아무리 훌륭한 가설이라도 사실의 뒷받침이 없는 한 현상을 성립시키는 이론으로 인정받지 못한다. 그렇다면 종합설은 실제 진화 현상에 대해 얼마나 설득력을 지니고 있을까? 자연 선택과 변이의 생성으로 나눠서 살펴보도록 하자.

먼저 살펴볼 것은 '자연 선택을 통해 적응이 발생하느냐'다. 몇 가지 예를 통해 어떤 사실이 알려져 있는지 살펴보자.

자연 선택에 따른 진화가 일어난 예로 가장 유명한 것은 앞에서 소개한 '나방의 공업 암화'다. 공장 건설로 원래 흰색이었던 나무껍질이 검게 변하자 검은 날개를 가진 나방이 늘어난 사례로, 검은색 나무 위에서는 검은색 나방보다 흰색 나방이 눈에 더 잘 띄기 때문에 흰색 나방이 새에게 잡아먹힐 확률이 높아져 검은색 나방이 늘어났다는 해석이다.

자연 선택이 적응 진화를 불러온다는 사실을 알지 못했던 시대에 이루어진 거의 최초의 실증 연구였던 까닭에 자연 선택에 따른 적응 진화를 인정하지 않은 학자들로부터 다양한 의문이 제기되었다. 예를 들면 검은색 나방과 흰색 나방은 나뭇가지 위에 앉는 장소가 다르다, 새에게 잡아먹힐 확률의 차이는 앉는 장소가 다르기 때문이지 어느 쪽이 더 눈에 잘 띄어서가 아니라는 등의 반론이다.

설령 그렇다 해도 형질의 차이에 따라 포식자에게 잡아먹혀 개체수가 감소하는 정도(포식압)가 달라지는 까닭에 자연 선택이 작용했고 두 유형의 빈도가 변화한 셈이 된다. 그러므로 자연 선택에 따른 진화를 부정하지는 못한다. 그러나 반대파는 이유야 어떻든 자연 선택에 따른 진화를 인정하고 싶지 않았을 것이다.

　이 공업 암화에 대해 당시 제출된 반론의 대부분은 훗날 올바른 반론이 아님이 밝혀졌다. 오늘날 공업 암화는 환경이 변화함에 따라 기존에 존재하던 유전적 변이 사이에 자연 선택의 방향이 달라져 형질의 빈도가 변화한 적응 진화의 실례로 인정받고 있다.

　또 다른 대표적 사례는 좀 더 최근에 발견되었다. 그 주인공은 다윈이 진화론을 제창하는 계기가 된 다윈의 핀치다. 다윈의 핀치는 갈라파고스 제도의 각 섬에 살고 있는데, 그 새들은 저마다 각 섬에서 나는 먹이의 조건에 알맞은 형태의 부리를 가지고 있다. 벌레를 먹이로 삼는 섬에 사는 핀치는 벌레를 잡기 쉽도록 부리가 길쭉하고, 나무열매를 주식으로 삼는 섬에 사는 핀치는 껍질을 부수기 쉽도록 펜치 모양의 두꺼운 부리를 가지고 있다. 다윈은 원래 같은 모양이었던 핀치의 부리가 그 섬의 먹이의 조건에 맞춰 다른 모양으로 진화했다고 생각했다.

미국의 프린스턴 대학의 진화생물학자인 피터 그랜트(Peter Raymond Grant)와 로즈마리 그랜트(Barbara Rosemary Grant) 부부는 20년 동안 갈라파고스 제도의 다프네 섬에 살면서 핀치의 부리 모양을 지속적으로 계측하는 동시에 매년 먹이의 조건이 어떻게 변화하는지도 조사했다.

어떤 섬에 사는 핀치의 부리 형태는 일정 수준의 변이를 거쳤으며 그 형태의 차이는 다음 세대로 유전되었다. 또한 섬의 강우량은 해마다 달라서, 비가 많이 내리는 해에는 곤충이나 풀씨가 많지만 건조한 해에는 곤충이 감소하고 풀씨도 별로 없기 때문에 딱딱한 나무 열매를 먹는 수밖에 없다. 그래서 그랜트 부부는 어떤 기후조건의 해에 어떤 부리를 가진 핀치가 얼마나 번식하며, 이듬해에 핀치의 부리 모양이 어떻게 변화하는지를 조사한 것이다.

그 결과 다음과 같은 사실이 밝혀졌다. 곤충이나 풀씨가 풍부한 해에는 부리가 굵은 핀치의 번식이 감소하며, 이듬해에는 부리가 가는 핀치의 숫자가 평균적으로 조금 늘어났다. 그리고 단단한 나무열매의 비중이 커지는 해에는 부리가 가는 핀치가 잘 번식하지 못해 이듬해에는 부리가 굵은 핀치의 숫자가 평균적으로 약간 늘어났다.

부리의 굵기가 약간 달라졌을 뿐이라고 생각하는가? 맞는 말

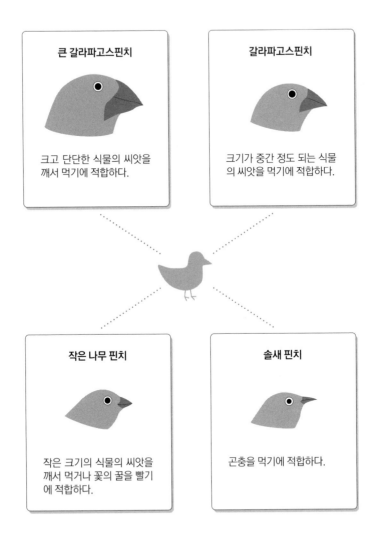

큰 갈라파고스핀치

크고 단단한 식물의 씨앗을 깨서 먹기에 적합하다.

갈라파고스핀치

크기가 중간 정도 되는 식물의 씨앗을 먹기에 적합하다.

작은 나무 핀치

작은 크기의 식물의 씨앗을 깨서 먹거나 꽃의 꿀을 빨기에 적합하다.

솔새 핀치

곤충을 먹기에 적합하다.

이다. 그러나 이것이야말로 다윈이 예측한 자연 선택에 따른 적응 진화다. 이 섬에서는 먹이의 조건이 해마다 변하기 때문에 생존에 유리한 부리의 모양이 일정하지 않다. 그러나 관찰된 사실을 바탕으로 생각하면 곤충이나 풀씨가 항상 풍부한 섬에서는 부리가 가는 상태가 지속되고, 항상 나무 열매를 주식으로 삼아야 하는 섬에서는 부리가 굵은 상태가 유지될 것이다. 그랜트 부부의 관찰 결과는 다윈이 생각한 진화가 지금도 일어나고 있음을 명확히 보여줬다.

다윈은 진화는 긴 시간이 걸리기 때문에 관찰할 수 없다는 비판에 대해 "진화는 지금 이 시간에도 뒷마당에서 일어나고 있다"라고 반론했는데, 그로부터 200년에 가까운 시간이 지난 뒤에 그의 생각이 옳았음이 진화론의 고향 갈라파고스 제도에서 증명된 것이다.

이렇게 해서 자연 선택이 적응 진화를 가져온다는 것은 거의 확실해졌다. 그 후에도 여러 생물에 자연 선택이 존재한다는 사실이 밝혀짐에 따라 적어도 자연 선택이 적응을 발생시키는 것이라는 사실만은 분명해졌다.

그러나 핀치에게 일어난 변이는 이미 존재하던 것이며, 그것이 어떻게 출현했는지, 혹은 돌연변이를 통해 만들어졌는지는 알 수 없었다.

그렇다면 종합설의 근간을 이루는 점 돌연변이가 자연 선택과 관련되는 유전적 변이를 일으키는 요인이라는 점에 대해서는 현재 어디까지 밝혀졌을까?

애초에 돌연변이라는 개념은 초파리를 이용한 유전학 연구 과정에서 등장했다. 수많은 초파리를 키우면서 다양한 형질의 유전을 조사했더니 이따금 그 전과는 다른 형질을 지닌 개체가 나타난 것이다. 가령 일반적인 초파리의 겹눈은 빨간색을 띠는데, 아주 드물게 흰 겹눈을 가진 개체가 나타난다. 그리고 이런 초파리끼리 교배하면 자식의 눈도 흰색이 된다. 요컨대 유전하는 변이가 갑자기 나타난 것이다.

이런 돌연변이를 이해하기 위한 가장 단순한 모델이 점 돌연변이다. 눈을 빨갛게 만드는 색소가 형성될 때 원래의 물질이 차례차례 다른 물질로 바뀜에 따라 최종적으로 빨간 색소로 변화한다. 어떤 물질에서 다른 물질로 변하는 하나의 화학 반응마다 다른 효소가 그 반응을 조절한다. 효소란 각종 화학 반응에서 자신은 변화하지 않으면서 반응 속도를 빠르게 하는 촉매 단백질이다. 이 합성 반응에 관여하는 몇 가지 효소 가운데 하나라도 그 기능을 잃으면 물질의 정상적인 합성 경로가 완성되지 않기 때문에 최종적인 붉은 색소가 만들어지지 않게 된다.

다시 말해 효소는 특정한 아미노산 배열을 가진 단백질이 입체 구조를 갖춤에 따라 특정 물질의 화학 변화를 촉진하는 기능을 갖는다. 따라서 아미노산의 배열이 달라져 특정한 입체 구조를 갖추지 않게 되면 효소로서 기능을 잃어 화학 반응을 제어할 수 없게 되는 것이다.

DNA의 염기 서열이 변화하면 그 부분의 유전 정보가 지정하는 아미노산의 종류가 바뀔 때가 있으며, 그 전과는 다른 아미노산 배열의 단백질이 합성되어 효소의 작용이 변화한다. 이와 같은 메커니즘으로 DNA 한 곳의 염기 서열이 바뀌면 생물의 형질이 변화한다. 이것을 점 돌연변이라고 부른다.

이와 같은 점 돌연변이는 좀처럼 일어나지 않는 것으로 알려져 있다. 현재 알려진 바에 따르면 어떤 한 곳의 염기 서열에 점 돌연변이가 일어날 확률은 약 1000만 분의 1이라고 한다. 이렇게 점 돌연변이에 따른 유전적 변이체가 좀처럼 만들어지지 않는다는 점이 연구를 어렵게 만드는 주 요인이었다.

그래서 유전학자들은 다양한 방법으로 돌연변이 발생률을 높이려고 시도했고, 방사선을 쪼이면 돌연변이가 될 확률이 비약적으로 높아짐을 발견했다. 방사선을 어느 정도 이상 쪼이면 DNA를 복제할 때 오류가 발생할 확률이 높아져 돌연변이가 만들어지기 쉬워지는 것으로 보인다. 인간도 일정양의 방사선을 쬐면 암이나 다른 질병에 걸릴 가능성이 높아진다고 알려져 있는데, 그 원인 중 하나는 DNA를 복제할 때 점 돌연변이가 일어나기 때문으로 생각되고 있다.

어쨌든 유전학자들은 이런 방법을 이용해 여러 가지 돌연변이를 만들어내며 연구를 진행했다. 그 결과 발생하는 돌연변이는 대부분의 경우 기존의 기능을 손상시킨다는 사실을 발견했다. 초파리의 예에서는 날개가 뒤틀려서 날지 못하게 되거나 눈 자체가 없어지는 등의 변이가 일어났다. 이처럼 돌연변이는 대부분 해로운 결과를 낳았다.

이 사실은 종합설에 하나의 의문을 던졌다. 종합설은 다윈의 자연 선택설을 포함하므로 존재하는 변형 가운데 유리한 것이 선택되어 확산된다는 발상이다. 그렇다면 대부분 해를 끼칠 뿐인 돌연변이가 과연 적응 진화를 가져오는 원동력이 될 수 있겠느냐는 의문이다.

이것은 어려운 문제다. 진화는 이미 일어나버린 현상이므로 현시점에서 자연 선택 전의 원래 형질이 어떤 것이었는지 알기는 어렵기 때문이다. 그러나 특수한 상황에서의 진화를 조사하면 적응이라는 것이 어떤 현상인지 진화가 일어난 뒤에도 이해할 수 있다. 가령 동굴 안이나 심해 등 빛이 없는 곳에 사는 생물 중에는 눈이 퇴화된 개체가 자주 관찰된다. 빛이 있는 곳에 사는 근연종 (생물의 분류에서 유연관계가 깊은 종류)은 모두 눈을 가지고 있으므로 눈은 2차적으로 잃은 것임을 알 수 있다. 이와 같은 현상을 퇴화 라고도 부르지만, 자연 선택에 따른 적응 진화로 해석할 수 있다. 빛이 없는 장소에서는 눈이 있어도 유리하지 않기 때문이다.

가령 눈을 만드는 화학 반응계의 어딘가가 돌연변이로 파괴되어 눈이 생기지 않게 되었다고 가정하자. 눈 같은 복잡한 기관을 만들려면 다양한 물질을 합성해야 하는데, 눈이 없으면 그런 물질을 합성할 필요가 없어지므로 그 에너지를 다른 생명 활동에 사용할 수 있다. 요컨대 일반적인 환경에서는 매우 불리한 '눈을 잃는다'는 형질조차도 애초에 빛을 수용하는 것이 아무런 의미가 없는 암흑의 환경에서는 그만큼의 에너지를 다른 생명 활동에 이용할 수 있는 이점으로 작용한다는 말이다. 암흑 환경에서 눈이 있는 개체와 눈이 없는 개체가 경쟁하면 눈을 만들기 위해 에너지를 쓰지 않아도 되는 만큼 눈이 없는 개체의 증식 효율이 높아질 것이며, 이에 따라 눈이 없는 형질이 자연 선택을 통해 진화할 것이다.

또한 눈을 만드는 복잡한 반응계는 점 돌연변이가 일어나서 그중 어딘가가 파괴되면 정상적인 눈을 만들지 못하게 되는 결과를 낳는다. 그러면 눈이 없어진 생물들은 독립적인 진화를 거듭할 것이고 그 결과 언뜻 불리해 보이는 돌연변이가 유리하게 작용할 수도 있다.

물론 모든 진화가 돌연변이를 통해 일어나는 것은 아니겠지만, 눈의 퇴화라는 진화 현상은 분명히 점 돌연변이가 적응 진화의 원인이 될 수 있음을 보여준다.

연속성과 선택,
진화론의 두 가지 관점

중요한 것은
가장 완성된 형태를 목표로
진화한 것이 아니라는 점이다.

다시 한 번 다윈 진화론의 두 가지 관점인 연속성과 선택으로 돌아가보자. 다윈의 진화론은 생물 집단 속에 존재하는 형질의 유전적인 변이에 대한 선택이 이루어져 서서히 적응이 진행된 결과 진화가 일어난다는 것이다. 이 가운데 선택의 작용에 관해서는 현재 그것이 거의 확실히 존재하며 적응을 불러오는 원동력이 된다는 쪽으로 논의가 정리되었다.

나방의 공업 암화가 일어났던 당시에는 자연 선택이 그런 적응을 불러온 것이 아니라는 반론도 있었지만, 공업 암화 현상이든 핀치의 부리를 비롯한 다양한 연구든 그 현상을 이해하는 데 가장 효과적인 가설은 자연 선택이라는 결론이 내려졌다.

물론 과학에서 사실이라는 것은 어디까지나 그 가설은 부정할 수 없다는 소극적 지지를 의미한다. 자연 선택은 '현재 가장 적절한 가설'에 불과하며, 현상을 그보다 더 잘 설명할 수 있는 가설이 아직 발견되지 않았을 가능성도 있다.

여담이지만, 과학에서 사실이라는 것은 '반드시 그렇다'라고 단언할 수 있는 것이 아니다. 현상을 설명하는 몇 가지 가설에 대해 다양한 실험과 조사를 거쳐 검증이 진행되며, 그 가설의 예측과 현실이 다르면 그 가설은 현상을 설명하지 못한 것이 되어 과학적 이론으로 인정받지 못한다. 그리고 실험과 조사 결과 살아남은 가설일지라도 사실의 측면에서 모순되는 부분이 없으므로 부정할 수 없다는 의미일 뿐이다.

가령 아인슈타인(Albert Einstein, 1879~1955)이 제창한 상대성 이론은 이것을 사용하지 않으면 설명할 수 없는 현상(수성의 근일점 이동 등)이 관찰되었기 때문에 뉴턴 역학을 대신했지만, 다가올 미래에도 상대성 이론이 옳다는 보장은 없다. 상대성 이론으로는 설명할 수 없는 현상이 발견될지도 모르고, 그 현상을 다른 가설이 설명할지도 모르기 때문이다.

얼마 전에 뉴트리노의 속도가 빛의 속도보다 빠르다는 관측 결과가 나와서 "상대성 이론이 틀렸단 말인가?"라며 언론에서 크게 다뤘던 것을 기억할 것이다. 이때는 계측 오류가 있었음이 판명되어 상대성 이론이 명맥을 유지했지만, 모든 과학적 사실은 항상 현 시점에서 최선에 불과하다. 다시 말해 더 훌륭한 가설이 존재할 가능성을 완전히 부정하는 것은 그야말로 절대로 불가능하다.

마찬가지로 어떤 것이 절대로 없다고도 결코 말할 수 없다. 2014년 일본에서 가장 큰 화제가 되었던 과학 뉴스는 안타깝게도 스태프 세포였다. 일본 이화학연구소의 한 여성과학자가 "어떤 세포로든지 분화가 가능한 만능세포인 스태프 세포를 개발했다"라고 발표해 언론을 떠들썩하게 했다. 곧이어 "스태프 세포는 과연 있는가, 없는가?"라며 갑론을박이 이어졌지만, 과학적으로는 무의미한 소동이었다. 스태프 세포가 있다면 만들어서 증명하면 그만인데, 거듭된 재현 실험에서 단 한 번도 성공하지 못했던 것이다.

따라서 과학적으로 현 시점에서는 존재하지 않는다고 말할 수 있을 뿐이다. 정말로 없는지 어떤지는 그야말로 절대 알 수 없기 때문이다. 절대로 없다고는 말할 수 없다는 이유로 스태프 세포의 존재를 옹호하는 사람은 과학에서 '있다'와 '없다'라는 말이 지니는 의미를 이해하지 못한 것이다.

물론 자연 선택의 존재도 과학이므로 앞에서 이야기한 것과 같은 이유로 있다고 말할 수 있을 뿐이다. 지금도 "진화는 자연 선택을 통해 일어나는 것이 아니다"라고 주장하는 사람이 많은데, 그런 사람은 그 이론이 틀렸음을 증명하면 된다. 다시 말해 다윈의 자연 선택설의 본질은 존재하는 변이 가운데 유리한 것이 선택된다는 것이므로 이것을 부정하면 되는 것이다. 어떤 상황에서나 최적의 것만 유전되어 태어난다면 '선택된다'는 것 자체를 부정할 수 있을 것이다.

다윈은 사회성 곤충의 존재처럼 자신의 학설에 대한 반증이 될지도 모르는 사실을 결코 외면하지 않았다. 따라서 자연 선택은 원리적으로 있을 수 없다는 것이 사실이라면 그것을 인정했을 것이다.

그러나 다위니즘에 반대하는 사람들이 그런 연구를 했다는 이야기는 적어도 지금까지는 들어본 적이 없다. 이의는 누구나 제기할 수 있으며 간단한 일이므로 그러고 싶은 마음은 이해하지만, 자연 선택의 존재를 보여주는 증거가 다수 발견된 오늘날 그런 억지스런 반론이 무시당하는 것은 당연한 일이다.

그렇다면 다윈이 집착한 또 하나의 논점인 진화의 연속성은 어떨까? 이에 관해서는 자연 선택설만큼 명쾌하게 옳은 이론이라고는 말할 수 없다. 무엇을 연속적으로 보느냐는 딱 잘라서 설명할 수 없기 때문이다.

DNA의 층위에서는 하나의 염기가 다른 염기로 치환되는 것이 진화와 관련된 가장 작은 변화인데, 이것은 연속적일까? 점 돌연변이에 따라 어떤 효소가 기능을 잃으면, 예를 들어 지금까지 만들어졌던 색소가 합성되지 않는 일이 일어나면 색이라는 형질이 다른 색으로 바뀐다. 이것은 연속일까? 아니면 불연속일까? 초파리 눈의 색도 지금까지 빨간색이었던 것이 갑자기 흰색으로 바뀌는데, 이것은 불연속일까? 참으로 어려운 문제다.

실제 진화에서도 이런 예를 볼 수 있다. 동굴에 사는 생물에게서 눈이 사라지는 예가 그렇다. 복잡한 화학 반응계의 연쇄로 만들어지는 안구라는 형질이 그 어딘가를 조절하는 효소를 지정한 유전자에 변이가 일어남으로써 형성되지 않는 것이다. 이것은 명백히 불연속적인 변화지만, 확률적으로는 유전자에 일어나는 최소 변화(점 돌연변이)에 따른 진화라고 할 수 있다.

이렇게 생각하면 이미 형성된 복잡한 형질이 점 돌연변이의 결과로 단숨에 사라질 가능성이 있다. 그것이 없는 편이 유리한 환경(가령 캄캄한 동굴 속에서는 눈이 필요 없다)에서는 에너지 효율성에 따라 진화할 가능성이 있는 것이다. 요컨대 퇴화라는 관점에서는 불연속적인 진화가 일어날 수 있다.

문제는 이런 복잡한 형질(예를 들어 눈)이 만들어지는 과정에서 진화가 연속적으로 일어나는가 하는 것이다. 적응적인 특성을 가진 복잡한 형질은 갑자기 만들어지지 않는다. 이것이 다윈의 신념이었다. 눈에 대해 생각해보자. 눈의 진화는 재현할 수 없으므로 다양한 생물이 가지고 있는 눈을 비교함으로써 눈이 어떻게 진화했는지를 생각해보기로 하자. 그러면 인간이 가지고 있는 복잡한 카메라 눈이 어느 날 갑자기 생긴 것이 아님을 알 수 있다.

　가장 단순한 눈은 유글레나 같은 단세포 생물이 가진 안점이라는 것으로, 그들에게는 단순히 빛을 감지하는 부분이 있을 뿐이다. 다세포 생물이 되면 서서히 움푹 들어간 구조를 이루면서 안쪽에 시세포가 나열되고, 좀 더 들어가며 공 모양이 되어 이것이 안구로 발전한다. 그리고 더 나아가면 렌즈가 달려 초점을 조절할 수 있는 카메라 눈을 가진 생물이 나타난다. 이는 생물의 체계가 복잡해지면서 함께 일어나는 변화로, 진화도 이와 같이 서서히 일어난 것으로 생각된다.

　그렇다면 좀 더 단순한 눈을 가진 생물들은 적응하지 못한 것일까? 다위니즘을 비판하는 사람들이 자주 제시하는 논리 가운데 "어중간한 구조는 적응성이 없으므로 중간 단계의 구조를 거치는 진화는 일어나지 않는다"라는 주장이 있다. 그러나 이것은 '각각의 생물에 무엇이 적응적인가?'라는 문제와 떼어놓고 생각할 수 없다.

안점을 가진 유글레나와 안점을 가지지 않은 유글레나를 생각해보자. 유글레나는 빛을 감지하는 단순한 기능밖에 없더라도 엽록체를 가지고 있어 광합성을 한다. 따라서 광원의 방향을 인식할 수 있는 안점을 가지고 있는 것이 더 편리하다. 또 두족류인 문어나 오징어의 눈은 인간의 눈과 매우 비슷한 카메라 눈으로, 척추동물과 두족류에서 각각 독립적으로 진화했음이 밝혀졌다. 양쪽 모두 초점을 맞춰서 먹잇감을 포착하려면 렌즈가 있는 카메라 눈이 유리했기 때문에 그렇게 진화한 것으로 생각된다. 짧은 시간에 초점을 맞추기 위해서는 그때까지의 눈의 구조로 볼 때 렌즈를 가진 카메라 눈이 가장 적합한 구조로 그것에 필요한 기능을 만족시켰을 것이다.

복잡한 구조를 지닌 다양한 형질은 중간 단계를 거쳐 서서히 현재의 모습이 되었다. 여기서 중요한 것은 중간 단계가 각각 적응적이며 가장 완성된 형태를 목표로 진화한 것이 아니라는 점이다. 항상 자신에게 가능한 선택지를 고르면서 환경의 변화에 따라 적응적으로 진화한 결과, 복잡한 구조를 가진 개체로 진화해온 것이다.

이것은 중요한 관점이므로 다시 한 번 강조할 필요가 있다.

진화는 어떤 목적을 향해 완성되어가는 것이 아니라 항상 자신에게 가능한 선택지의 범위에서 적응적으로 변화해간 결과 현재의 복잡한 구조로 존재하는 것이다.

이 말은 얼핏 형질을 획득하는 진화는 연속적이라고 말하는 것 같지만, 다윈의 시대보다 생물에 대한 정보가 훨씬 많이 알려진 현대에는 형질을 획득하는 진화의 과정에서도 때때로 불연속적인 진화가 일어날 수 있음이 밝혀졌다.

유전적 변이를 일으키는 요인들

게놈과 염기 서열은
역동적으로 계속 변화하는
존재임이 밝혀졌다.

종합설에서 유전적 변이를 일으키는 요인으로 꼽혔던 것은 유전 정보를 형성하는 DNA의 염기 서열 중 어딘가가 다른 염기로 치환되는 점 돌연변이였다. 앞에서도 이야기했듯이 점 돌연변이는 DNA의 구조로 볼 때 유전 정보에 일어나는 가장 작은 변화다.

DNA의 염기 서열에 일어나는 변화는 그대로 다음 세대에 유전된다. 따라서 어떤 형태든 DNA에 일어난 변화는 진화를 일으키는 요인이 된다. 점 돌연변이도 주된 요인으로 생각되었는데, 그 후 다양한 원인으로 염기 서열이 변화한다는 사실이 밝혀졌다.

그 다양한 원인 중에 어떤 것은 염기 하나의 치환 정도가 아니라 훨씬 거대한 변화를 일으키기도 한다. 그 전까지 없었던 긴 염기 서열이 갑자기 유전자 안에 만들어지거나 배열의 일부분이 소실됨으로써 아미노산 사슬이 달라지고 표현형도 바뀌어서 점 돌연변이가 일으키는 변화보다 훨씬 거대한 불연속적인 변화를 가져올 가능성이 있음을 알게 된 것이다.

먼저 바이러스를 살펴보자. 바이러스는 DNA(또는 RNA)를 유전 물질로 가지며 그것이 단백질의 껍질에 둘러싸인 구조로 되어 있다. 바이러스 자신은 자기 복제나 에너지 생성에 필요한 화학 반응계(대사계)를 가지고 있지 않다. 그렇다면 어떻게 증식할까?

바이러스는 생물의 세포 속에 DNA를 보낸 다음 세포가 가진 대사계를 이용해 자신의 DNA를 복제하고 그것을 단백질 껍질로 싸서 자신을 복제해낸다. 그리고 이렇게 증식한 뒤 숙주의 세포를 파괴하고 다양한 방법(공기 감염이나 접촉 감염)으로 다른 세포로 이동해 다시 증식을 반복한다. 이 과정에서 인간을 비롯한 숙주에게 여러 가지 해(때로는 죽음)를 끼치기 때문에 바이러스는 병원체로서 두려움의 대상이 되어왔다.

최근 서부 아프리카에서 유행해 전 세계적으로 공포를 불러온 에볼라 출혈열도 바이러스가 병원체인 질환이다. 바이러스 혼자서는 자기 복제도 증식도 할 수 없기 때문에 그것이 생물인지 아닌지에 대해서는 의견이 분분하다. 생물이 아니라는 견해도 있지만, 유전자를 사용해 자기 복제와 증식을 하며 생물과 마찬가지로 진화도 한다.

그런데 바이러스 중에는 어떤 조건이 갖춰지면 숙주의 DNA 안으로 들어가 숙주의 게놈과 일체화되는 것이 있다고 알려져 있다. 요컨대 바이러스 DNA의 양쪽 끝이 숙주의 끊어진 DNA와 결합해 하나의 DNA가 되는 것이다. 이것을 용원화(溶原化)라고 부르는데, 바이러스의 유전자는 그 상태로는 활동하지 못하며 숙주의 게놈과 함께 이후의 세대로 전해진다.

용원화가 일어나는 장소가 숙주의 유전자 내부일 경우, 점 돌연변이를 크게 능가하는 다량의 DNA 배열이 갑자기 기존의 유전자 속에 삽입된다. 따라서 그대로 판독되고 그 사이에 정지 코돈이 없을 경우 긴 아미노산 배열이 그때까지의 아마노산 사슬 속에 갑자기 끼어들게 된다. 그러면 점 돌연변이에 따른 아미노산의 치환보다 훨씬 거대한 규모의 변화가 단백질에 일어난다. 이에 따라 단백질의 기능이 크게 변화하는 것이다.

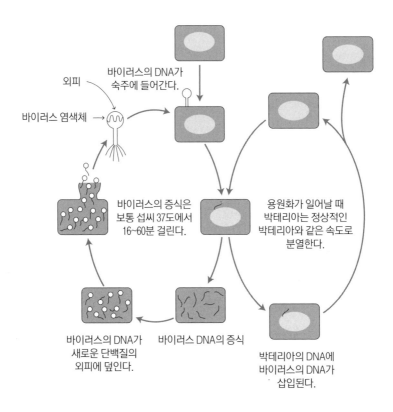

바이러스의 DNA가
숙주에 들어간다.

외피

바이러스 염색체 →

바이러스의 증식은
보통 섭씨 37도에서
16~60분 걸린다.

용원화가 일어날 때
박테리아는 정상적인
박테리아와 같은 속도로
분열한다.

바이러스의 DNA가
새로운 단백질의
외피에 덮인다.

바이러스 DNA의 증식

박테리아의 DNA에
바이러스의 DNA가
삽입된다.

참고: http://www.nig.ac.jp/museum/history/07_c.html]

이와 같은 변이가 엄밀하게 조정되면 지금까지의 반응계를 정상적으로 작동시킬 수 없게 될 터이므로 대부분의 경우 숙주에게 치명적인 해를 끼칠 것이라는 것은 상상하기 어렵지 않다. 그러나 유리해지는 것은 하나도 없다고 단언할 수도 없다. 중요한 점은 이런 작용 원리에 따라 자연 선택에 영향을 끼칠 수 있는 불연속적인 변이가 실제로 일어난다는 사실이다. 요컨대 점 돌연변이만이 DNA에 변이를 발생시키는 원인이라는 좁은 의미의 종합설은 수정될 수밖에 없는 것이다.

또 하나의 예는 '트랜스포존'이다. 트랜스포존은 유전자 스스로가 지정한 효소를 통해 자신을 게놈 내의 특정 배열을 가진 영역에 삽입하고 다시 잘라내 다른 위치에 삽입함으로써 게놈 내에서 위치를 바꿀 수 있는 유전자로 '전위인자'라고도 불린다.

이것은 1940년에 미국의 식물학자 바버라 매클린톡(Barbara McClintock, 1902~1992)이 발견했는데, 이와 같이 거대한 DNA 조각이 게놈 속을 돌아다니고 있을 줄은 상상도 하지 못했기 때문에 그녀의 연구결과는 커다란 반향을 불러일으켰다. 그녀는 이 업적으로 노벨 생리의학상을 받았는데, 그 소식을 듣고도 연구 데이터를 얻기 위해 농장으로 갔다는 일화가 있을 만큼 연구에 몰두한 인물이다.

그 후의 연구를 통해 게놈 DNA 가운데 트랜스포존에서 유래한 영역은 상상했던 것보다 훨씬 많으며, 어떤 생물은 전체의 40%나 된다는 사실이 밝혀졌다. 어쨌든 트랜스포존이 단백질을 지정하는 유전자 속에 삽입되면 갑자기 유전 정보에 거대한 변화가 일어나므로 그렇게 출현한 새로운 변이가 진화에 영향을 미칠 가능성도 있다.

이와 같이 게놈과 그곳에 존재하는 염기 서열은 처음에 상상했던 것처럼 거의 변화하지 않는 정적인 존재가 아니라 역동적으로 계속 변화하는 존재임이 밝혀졌다.

진화의 수수께끼를 푸는
또 하나의 열쇠, 공생

공생이라는 말의 이면에는
각 DNA 사이의 치열한 지배관계가
있음을 알 수 있다.

박테리아처럼 핵을 가지고 있지 않은 균(원핵생물) 이외에 DNA가 핵막에 감싸여 세포 속에 존재하는 생물(진핵생물)은 세포 안에 원핵생물에는 없는 특수한 세포 내 소기관을 가지고 있다. 동물의 경우는 미토콘드리아, 식물의 경우는 미토콘드리아와 엽록체다. 미토콘드리아는 에너지를 생산하고, 엽록체는 광합성을 일으키는 기관으로, 전자에서 에너지를 추출하는 전자 전달계라는 기능을 지니고 있다.

전자 전달계에서는 몇 개의 단백질 사이에서 전자가 이동함으로써 에너지가 추출된다. 에너지를 추출하려면 전자가 복수의 단백질 사이를 특정 순서로 이동해야 하는데, 이를 효율적으로 실행하기 위해 이 단백질들은 미토콘드리아나 엽록체의 막에 순서대로 고정되어 있다. 이 막은 세포막과 구조가 같은 인지질의 이중막으로, 마치 세포 속에 또 하나의 세포가 존재하는 듯한 구조로 되어 있다.

미토콘드리아나 엽록체에는 다른 세포 내 소기관과는 구별되는 특징이 하나 더 있다. 핵 속에 있는 DNA(핵 게놈)와는 별도로 고유의 DNA를 가지고 있는 것이다. 미토콘드리아나 엽록체는 세포 안에서 증식하는데, 이때 가지고 있는 DNA가 복제되어 분열한 미토콘드리아나 엽록체에 계승된다. 여기에서도 미토콘드리아나 엽록체는 마치 별개의 세포처럼 행동하는 것이다.

미국의 생물학자인 린 마굴리스(Lynn Margulis, 1938~2011)는 1967년 위와 같은 사실을 바탕으로 세포 내 미토콘드리아나 엽록체가 원래는 별개의 생물이었다가 진핵 세포에 삼켜져 세포 내 소기관이 되었다는 공생설을 발표했다. 이러한 공생이론은 발표 당시 터무니없는 공상으로 취급되었지만, 이후 다양한 연구를 통해 사실일 가능성이 있음이 밝혀졌다.

DNA의 유전 정보는 세 개의 염기 세트인 코돈이 서로 다른 20가지의 아미노산 가운데 특정한 아미노산을 지정한다는 원리에 따라 단백질로 번역되는데, 이때 어떤 세 염기가 어떤 아미노산을 지정하느냐에 대한 핵 게놈과 미토콘드리아의 암호표가 서로 다르다.

또 현재의 미토콘드리아는 혼자 독립해 살아갈 수 없는데, 이것은 자립에 필요한 유전자가 핵 게놈으로 이동해버렸기 때문이라는 것도 밝혀졌다. 이것은 공생한 미토콘드리아가 도망치지 못하도록 핵 게놈이 미토콘드리아의 유전자 중 일부를 빼앗아 이른바 가축화한 증거로 생각되고 있다. 미토콘드리아나 엽록체가 있으면 에너지 이용 효율이 대폭 상승하거나 영양소를 스스로 합성할 수 있기 때문에 이들을 가지고 있지 않은 원핵 상태에 비해 생존에 비약적으로 유리해진다. 따라서 핵 게놈으로서는 공생체의 유전자를 빼앗아 가축화하는 것이 이익이었던 것이다. 공생이라는 말의 이면에는 각 DNA 사이의 치열한 지배 관계가 있음을 알 수 있다.

또 이런 해석이 시도되었다는 사실에서 알 수 있듯이 적응 진화라는 관점에서 보면 어떤 기능을 지닌 공생체를 몸속에 집어넣는 것은 공생체가 지닌 기능을 갑자기 획득한다는 의미다. 획득한 공생체는 본체의 세포와는 별도로 DNA를 가지고 자기 복제를 통해 그 DNA를 자손에게 전달하므로 엄연히 유전된다. 그러므로 진화의 연속성이라는 관점에서 보면 공생체의 획득은 점 돌연변이는 물론이고 바이러스의 용원화나 트랜스포존에 따른 대규모 변화조차 능가하는 비약적인 진화의 원천이었다고 생각할 수 있다. 아니, 그런 진화가 일어났다는 명확한 증거라고 할 수 있을 것이다.

이것은 지극히 예외적인 사건이었을까? 그렇지 않다. 동물은 미토콘드리아만을 가지고 있으며 식물은 미토콘드리아와 엽록체를 모두 가지고 있으므로 둘의 공통 선조였던 생물(균류)이 미토콘드리아의 선조와 합체한 뒤에 엽록체의 선조와 다시 공생한 것이 식물이 되었다고 생각할 수 있다. 요컨대 식물은 두 번의 공생을 경험했으므로 이런 비약적인 형질 획득은 여러 차례 일어났다고 해석하는 것이 타당하다. 세포 속에 공생체를 획득(세포 내 공생)한 사건은 우리가 생각하는 것만큼 진기한 일이 아니었을지도 모른다.

공생이라는 현상은 진화에서 어느 정도의 중요성을 지니고 있을까? '세포 외 공생'에 관해 살펴보면 이해가 쉬울지도 모른다. 세포 속에 다른 세포가 들어가는 '세포 내 공생'과 달리 '세포 외 공생'은 소화관 등에 별개의 생물(주로 균)이 들어가 상호작용을 하는 현상이다. 소화관은 몸 속이지만 조직의 내부는 아니므로(도넛의 구멍 같은 것) 몸 밖이기도 하다. 이를 세포 안에 다른 세포가 들어 있는 경우와 구별하기 위해 세포 외 공생이라고 부르며,

그 대표적인 예는 소화관 속에서 살고 있는 공생 세균이다. 가령 식물을 먹고 사는 동물은 식물체를 형성하는 셀룰로오스라는 물질을 스스로 분해해 당으로 바꾸지 못한다. 그래서 셀룰로오스를 분해할 수 있는 세균을 소화관 속에 살게 해서 그것을 통해 셀룰로오스를 분해 흡수함으로써 식물체로부터 에너지를 얻는다. 이와 같은 세포 외 공생은 곤충에서 척추동물에 이르기까지 다양한 동물에서 찾아볼 수 있는데, 물론 인간도 예외는 아니다.

세포 외 공생에서도 공생 미생물이 동물의 소화관 속의 환경이 아니면 독립적으로 살지 못하는 경우를 볼 수 있다. 그 환경에 적응해버렸기 때문으로, 세포 내 공생과 마찬가지 현상이 일어나는 것이다. 또 초식 동물도 공생 세균 없이는 거의 에너지를 만들어내지 못하므로 이 역시 불연속적으로 형질을 획득한 것과 같다.

이와 같은 세포 외 공생이 어떻게 시작되었는지에 관해서는 흥미로운 연구가 있다. 일본의 후카쓰 다케마(深津武馬) 박사의 연구에 따르면 공생균을 지니고 있는 노린재에게 항생 물질을 먹여 소화관 속의 공생균을 없애자 노린재의 유충은 거의 성장하지 못했으며 정상적인 성충이 되지 못했다. 이것만으로도 충분히 공생의 강한 유대를 확인할 수 있다. 공생균을 제거한 유충을 서식지의 흙에서 키우자 몸 속에 흙에 있던 균을 집어넣어 다시 성장할 수 있게 되었다. 그래서 노린재의 공생균과 흙 속의 자유 생활균의 게놈을 조사해보니 양자는 매우 가까운 관계임이 밝혀졌다.

또한 규슈 남쪽에 있는 난세이 제도에서 실시한 연구에서는 북쪽에 사는 노린재의 공생균을 배양할 수 없었는데, 이는 공생균이 이미 독립적으로 생활할 능력을 잃어버렸기 때문이다. 그리고 공생균을 제거한 노린재의 유충에게 대장균을 먹이자 일부는 정상적으로 성장했다는 놀라운 결과도 있다. 이러한 사실은 원래 음식물이나 물 속에 들어 있던 자유 생활균을 노린재가 삼켰고 이를 바탕으로 밀접한 공생관계가 진화해왔음을 암시한다.

이와 같은 공생균은 미토콘드리아나 엽록체와 달리 몸 밖에 있다. 자식이 태어났을 때는 소화관 내에 균이 없기 때문에 부모로부터 나눠받을 필요가 있다. 나무를 먹고 사는 흰개미나 초식성 동물의 경우는 태어난 자식이 어미의 똥을 먹는다고 알려져 있는데, 이는 공생균을 몸 속에 집어넣기 위한 과정으로 이해된다.

한편 균 외에 생물과의 사이에서도 밀접한 공생관계를 찾아볼 수 있다. 가령 세잎개미(*Acropyga sauteri*)라는 개미는 식물의 뿌리에 붙어서 사는 개미보물진디(*Eumyrmococcus smithi*)라는 진디와 강한 공생관계를 맺고 있어서, 이 진디의 분비물만을 먹는다.

날개미(번식기인 4~6월에 여왕개미와의 혼인비행을 하는 날개가 돋힌 개미)
가 둥지에서 떠날 때는 입에 진디 한 마리를 물고 가며, 새로운
군락를 만들 때 이 진디를 둥지의 식물에 이식한다. 반드시 지니
고 갈 만큼 개미는 이 진디 없이는 살 수 없기 때문에 개미보물
이라는 이름으로 불리는 것이다.

◆ 세잎개미와 개미보물진디

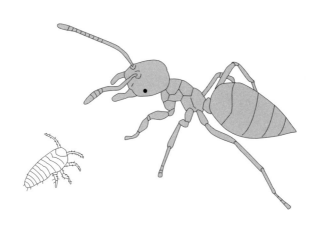

서로 강한 공생관계를 맺고 있다.

이와 같이 강한 공생관계에 있는 생물들은 서로 크게 의존하기 때문에 어느 한쪽이 없으면 정상적으로 살아가지 못한다. 이렇게 되면 공생균도 간접적으로 유전되므로 숙주와 공생균은 양쪽에서 진화하는 하나의 실체로 생각할 수 있을지도 모른다. 지금까지는 공생도 두 생물의 개별적인 진화로 파악해왔기 때문에 하나의 실체가 진화하는 것으로 보는 관점이 거의 없었다. 그러나 그렇게 해석하는 편이 현상을 좀 더 잘 설명할 수 있다면 진화를 밝히는 하나의 개념으로 필요한 관점이 될 것이다.

사실 인간도 장내의 공생 세균에게 음식 소화의 상당 부분을 의존하고 있다. 즉, 인간과 세균은 서로 공생관계에 있다. 어쨌든 공생이라는 현상은 다양한 부류에서 지극히 평범하게 발견된다. 요컨대 공생이라는 이름의 불연속적인 형질의 획득은 진화의 역사에서 아주 흔하게 일어난 일이며, 점 돌연변이나 바이러스의 용원화, 트랜스포존 등의 대규모 변화 이외에 적응적인 진화를 일으키는 유력한 변이원이라고 할 수 있다.

어쩌면 진화는 불연속적인 형질을 획득함으로써 진행되는 경우가 지금까지 생각했던 것보다 많을지도 모른다. 적어도 "진화가 항상 연속적으로 일어난다는 다윈의 신념이 옳다고 말할 수 없게 되었다"라는 것이 현재까지 연구의 결론이다.

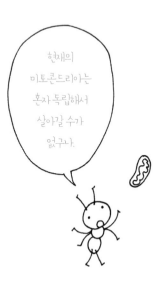

현재의
미토콘드리아는
혼자 독립해서
살아갈 수가
없구나.

적응 만능론은
사고를 정지시킨다?!

적응 만능론은
분명히 매력적이었다.
모든 것은 자연 선택의 뜻이라고
하면 그만이기 때문이다.

그렇다면 다위니즘의 또 다른 기둥인 자연 선택에 따른 적응 진화는 어떨까? 다위니즘에 따른 진화를 인정하지 않는 사람들은 진화의 연속성이 반드시 성립하지는 않는다는 사실을 내세워 다위니즘은 틀렸다고 비판했다. 그러나 적응 진화를 설명하는 데는 존재하는 변이 가운데 환경에 좀 더 적합한 것이 선택되어 빈도를 늘려간다는 '자연 선택의 원리' 쪽이 더 중요하게 거론된다. 연속성은 다윈이 집착했던 것일 뿐, 다위니즘의 본질은 자연 선택이라고 할 수 있다. "자연 선택이 적응을 만들어내는가?"라는 질문에 대한 대답은 "그렇다"이다.

앞에서 소개한 몇 가지 예를 봐도 적응이 만들어지는 과정에서 자연 선택이 작용했음은 틀림이 없다. 그리고 모든 진화 현상이 자연 선택의 결과라고 주장하는 사람들이 나타났다. 이른바 '적응 만능론'이다. 적응 만능론에 따르면 생물의 모든 형질은 자연 선택을 통한 적응의 결과로서 존재하며, 그 이외에 진화를 불러오는 것은 없다. 개인적으로는 이런 주장이 매우 편협한 발상이라고 생각하지만, 뒤에서 설명하듯이 과학의 세계에는 하나의 원리가 많은 사실을 설명할수록 그 이론은 훌륭하다는 인식이 있으므로 전반적인 적응 현상을 설명할 수 있는 자연 선택을 유일한 진화 원리로 격상시키려는 바람이 작용했던 것이리라.

어쨌든, 일부 진화학자를 매료시킨 적응 만능론은 사고의 정지라는 의미에서는 분명히 매력적이었다. 아무 생각도 할 필요 없이 모든 것은 자연 선택의 뜻이라고 하면 그만이기 때문이다.

그런데 이런 태도를 어디선가 본 것 같지 않은가?

그렇다. 창조설을 믿는 사람들이 주장하는 "모든 것은 신의 뜻이다"라는 논리와 본질적으로 다를 바가 없다. 이런 태도 앞에서는 논리가 통용되지 않는다. 이것은 전혀 과학적이라고 할 수 없는 태도지만, 한때 적응 만능론의 지배 아래 다양한 연구가 제대로 인정받지 못했었다. 지동설을 제창한 갈릴레오가 종교 재판에서 유죄 판결을 받고 고문의 위협에 자신의 주장을 굽혔던 것 같은 일이 현대 과학계에서도 일어날 수 있는 것이다. 이런 논리라면 새로운 이론은 영원히 어디에서도 인정받을 수 없게 된다. 과학계는 매우 보수적이어서 새로운 이론을 좀처럼 인정하려 하지 않는다. 다윈의 진화론이 처음에 어떻게 받아들여졌는지 생각해보면 충분히 알 수 있다.

한편 과학의 세계에서는 흔히 독자성이 중요하다고 하는데, 독자성이 강한 연구를 하면 좀처럼 논문의 수가 늘어나지 않는다는 딜레마를 안게 된다. 전문적인 학자로서 살아가기 위해서는 실적이 필요하므로 모두가 인정하는 기존 이론의 연장선상에서 연구를 진행한다. 그러는 편이 논문 생산의 효율을 높여 많은 실적을 내는 데 도움이 되기 때문이다. 그 결과 새로운 연구에 도전하는 사람은 실적을 내기 어려워지는 모순이 발생하는 것이다.

이런 상황에서 자연 선택에 따른 진화와는 전혀 다른 진화가 있다는, 적응 만능론에 정면으로 배치되는 주장을 과감히 펼친 끝에 결국 인정을 받은 한 연구자가 있었다.

유리하지도 불리하지도 않은
유전자의 진화

유리하지도 불리하지도 않은
형질의 변화는 어떤 원리를
따르고 있을까?

　　자연 선택의 원리는 존재하는 유전적 변이 중 환경에 유리한 것이 증가해 불리한 것을 대신함으로써 적응이 진행된다는 것이다. 그런데 모든 유전적 변이는 반드시 기존의 것에 비해 유리하거나 불리해지는 것일까?

　가령 점 돌연변이에 관해 생각해보자. 점 돌연변이는 DNA 속의 염기 중 어떤 하나가 다른 염기로 치환되는 변이다. 이때 유전 정보인 아미노산 배열 속의 핵 아미노산은 세 염기의 서열로 지정된다. 이것을 '코돈'이라고 부르는데, DNA 배열 속에 있는 염기는 아데닌(A), 티아민(T), 구아닌(G), 사이토신(C)의 네 종류

다. 이 네 종류를 가진 염기가 세 줄로 배열하는 경우의 수는 4×
4×4=64가지가 된다. 그런데 단백질에 사용되는 아미노산은
20종류이므로 44가지가 남는다. 어떻게 된 것일까?

◆ 점 돌연변이의 구조

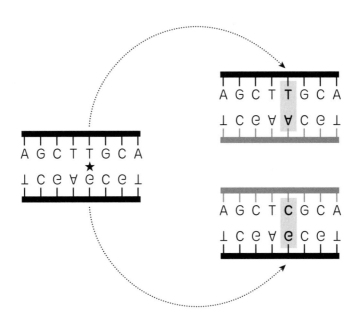

사실 '세 번째 염기가 (네 가지 중의) 어느 것이든 아미노산의 종류는 변하지 않는 경우'와 '세 번째 염기가 A, G이거나 C, T일 때는 아미노산의 종류가 변하지 않는 경우'가 있어서, 64가지의 코돈은 아미노산의 판독을 중단하는 '정지 코돈' 3가지를 포함해 전부 어떤 아미노산이나 정지 코돈을 지정한다.

요컨대 몇 가지 염기 서열이 같은 아미노산을 지정하는 경우가 있으며, 그런 염기 서열 사이에서 치환이 일어나면 지정하는 아미노산은 바뀌지 않는 것이다. 아미노산이 변화하는 치환을 '비동의 치환', 아미노산이 변하지 않는 치환을 '동의 치환'이라고 부른다.

유리 또는 불리를 따지는 관점에서 보면 형질은 염기 서열에 따라 발현하는 것이 아니라 지정하는 아미노산 배열(단백질)에 따른 표현형으로 나타난다. 따라서 아미노산 치환을 일으키지 않는 점 돌연변이는 표현형에 영향을 끼치지 않으며, 기존의 유형에 비해 유리하지도 불리하지도 않게 된다.

자연 선택은 기존의 것에 비해 유리 또는 불리한 형질(표현형)에 대해서만 작용하는 것이다. 그렇다면 유리하지도 불리하지도 않은 형질의 변화는 어떤 원리를 따르고 있을까? 이 문제에 답을 제시한 사람은 일본의 유전학자인 기무라 모토오(木村資生, 1924~1994) 박사다.

2배체(게놈을 두 개 가진) 생물의 경우는 생식세포인 배우자(정자나 난자)가 생길 때 두 개 있는 게놈의 절반이 각각의 배우자에 들어간다(감수 분열). 그리고 수정을 통해 다시 두 개의 게놈을 가진 2배체로 돌아간다. 예를 들어 Aa라는 조합으로 두 개의 대립 유전자를 가지는 개체가 감수 분열을 통해 배우자를 만드는 경우를 생각해보자. 배우자를 하나씩 만든다면 A가 될 확률은 0.5, a가 될 확률도 0.5다. 이와 같은 부모에게서 하나의 자식이 생긴다면 자식의 유전자형은 AA:Aa:aa=1:2:1=0.25:0.5:0.25다. 부모 모두 Aa라는 유전자형이었으므로 부모 세대의 유전자 빈도는 A:a=0.5:0.5이지만, 자식의 세대에서는 4분의 1의 확률로 A 또는 a가 사라져버리는 것이다.

이해가 되는가? 세대 사이에서 유전자 빈도가 변동하는 것이므로 이것은 엄연한 진화다. 부모로부터 배우자가 추출될 때 어떤 대립 유전자가 추출되느냐는 우연에 따라 결정된다. 추출 빈도는 우연에 따라 한쪽으로 기울기 때문에 다음 세대의 유전자 빈도가 변동한다.

이것은 자연 선택의 원리와는 전혀 상관없이 다음 세대의 유전자 빈도를 변화시키는 역학이다. 기무라 박사는 이 새로운 메커니즘에 유전적 부동(浮動)이라는 이름을 붙이고 세상에 발표했다. 이처럼 유리하지도 불리하지도 않은 형질의 진화를 설명하는 이론으로 제출된 유전적 부동에 따라 진화가 일어난다는 설을 '중립설'이라고 한다.

그러나 진화학계에서는 적응 만능론이 위세를 떨치고 있었기 때문에 처음에는 중립설의 개념이 전혀 받아들여지지 않았다. 논리적으로는 가능한 이야기이기 때문에 논문으로 세상에 나오기는 했지만, 적응 만능론자 중 어느 누구도 유전적 부동이 진화에서 커다란 역할을 한다고는 생각하지 않았다. 중립설은 수많은 적응 만능론자의 공격을 받았고, 실제 진화에서는 거의 아무런 역할도 담당하지 않는 것으로 간주되었다.

그러나 기무라 박사는 혼자가 아니었다. 그의 공동 연구자들은 단백질 효소 다형(多型, 같은 종의 생물 집단에 공존하는 형태나 형질이 다른 것-옮긴이)의 유전자 빈도 변동에 관한 데이터를 모아서 그 변동이 유전적 부동의 예측과 잘 들어맞음을 제시했다. 과학의 세계에서는 논리에 모순이 없다는 것이 명백해지면 그다음에는 '사실이 그 논리를 뒷받침하는가?'에 따라 승부가 결정된다. 처음에 격렬한 공격을 받았던 유전자 부동설은 증거가 모아짐에 따라 점차 성립 가능한 이론으로 받아들여졌다. 그리고 지금은 적어도 명확히 유불리가 드러나지 않는 형질(예를 들어 DNA나 아미노산 배열 등)에 관해서는 중립설이 성립한다는 인식이 보편화되었다.

그러나 자연 선택에 대해 중립인 형질이라면 몰라도 형태처럼, 기능과 직결되는 형질의 진화에 대해서는 중립성을 인정받았다고 할 수 없다. 기능을 가지고 있으면 유불리가 명확히 드러난다고 생각되기 때문이다. 어떤 형질이 중립설에 따라 진화했음을 증명하기 위해서는 그 형질이 유리하지도 불리하지도 '않음'을 증명할 수 있어야 한다고 생각하는 연구자도 많다.

나는 특별한 기능이 인정되지 않는 형태 형질과 기능을 지닌 형질의 진화를 비교해 전자는 중립적인 진화를 한 것이 아니냐는 내용의 논문을 쓴 적이 있는데, 자연 선택으로 설명할 수 있는 다른 가능성이 있을지도 모르므로 인정할 수 없다는 이유로 배척되었다.

그러나 이것은 문제가 있는 생각이다. 과학의 세계에서 "그것이 사실이다"라고 말하기 위해서는 증거가 '있음'을 제시할 수밖에 없다. '없음'을 제시할 수는 없기 때문이다. 요컨대 '중립설의 예측을 따랐다'는 증거가 있는 주장에 대해 다른 가능성이 있을지도 모른다는 것은 부당한 반론이다. 이것은 비유를 들자면 "상대성 이론으로 수성의 근일점 이동을 예측할 수 있다"는 결과에 대해 "미지의 이론에 대한 기능성을 생각하지 않았으므로 인정할 수 없다"고 말하는 것과 같다.

관찰된 사실에 대한 설명 가설로서 중립설이 배제되지 않는다면 일단 중립설을 채용하는 것이 타당하다고 생각한다. 하지만 주류 진화학자들은 자연 선택이 아닌 원리로 형태 형질의 변화를 설명할 수 있다는 것을 인정하고 싶지 않았는지도 모른다. 그만큼 적응 만능설이 여전히 수많은 진화학자의 마음속을 지배하고 있다는 의미일 것이다.

형질이 유리하지도 불리하지도 않을 때는 자연 선택의 효과가 제로가 되므로 유전적 부동의 효과만으로 진화가 진행된다. 이렇게 생각하면 진화를 일으키는 원리는 한 가지가 아님을 알 수 있다. 유전적 부동에서는 유전자 빈도를 늘리느냐 줄이느냐가 우연에 따라 결정되기 때문에 진화의 방향을 예상하기가 간단하지 않지만, 유전적 부동과 자연 선택 이 두 가지 원리가 대립 혹은 동조하며 형질의 진화 방향을 결정한다.

진화의 원리와 일신교

그럼에도 주도권 싸움이
벌어지는 것은 과학 또한
인간의 행위이기 때문이리라.

과학의 세계에서는 수많은 사실을 설명할 수 있는 논리가 일반성이 높은 우수한 이론으로 취급된다. 가령 아인슈타인의 상대성 이론은 우주적 시공간의 개념처럼 뉴턴 역학으로는 증명할 수 없는 부분을 설명함으로써 뉴턴 역학의 대립 가설로 취급된다. 하지만 현재 지구라는 특수한 환경에서는 상대성 이론을 구성하는 일부 요인을 무시해도 되므로 지구상의 일상적인 물리법칙을 설명하는 데는 뉴턴 역학이 적합하고 타당하다. 요컨대 지구상에서는 뉴턴 역학이 상대성 이론의 특수한 경우로 이해된다는 말이다. 이때 과학적으로는 다양한 경우에 성립하는 상대성 이론이 더 우수한 가설이다.

이와 같이 어느 한쪽 가설이 상위 가설일 경우에는 상위 가설이 더 일반적인 가설이며 과학적으로 좀 더 올바르다. 그러나 하위 가설을 적용해도 문제가 없는 경우에는 간편한 계산을 위해 하위 가설을 적용하는 것도 허용된다. 즉, 지구상의 물리 현상을 기술할 때는 뉴턴 역학을 적용해도 무방하다는 얘기다.

그러나 진화의 유전적 부동과 자연 선택의 경우에는 이런 개념이 적용되지 않는다. 두 가설은 한쪽이 어느 한쪽을 포함하는 관계가 아니라 각각 독립적으로 유전자 빈도의 세대 간 변동을 불러오기 때문이다. 선택은 부동의 특수한 경우가 아니며, 반대도 마찬가지다. 즉 양쪽의 원리는 서로 독립적으로 작용한다. 각각의 원리는 독립적으로 유전자 빈도의 변동(=진화)을 유발한다. 그렇기 때문에 '어느 쪽이 유리한 가설인가?'라는 질문에 관한 원리적인 결말은 없다.

그럼에도 적응 만능론자는 "자연 선택이 진화의 주된 요인이다"라고 주장하고 싶어 하며, 중립론자는 "자연 선택은 거의 진화에 기여하지 않고 유전적 부동이 대부분의 진화를 결정한다"라고 주장한다. 명백하게 원리적인 결말이 나지 않는 이상은 다양한 진화 현상 가운데 자연 선택의 비율은 어느 정도이고 유전적 부동의 비율은 어느 정도인지를 조사하거나 실제 진화에서 두 원리 중 어느 쪽이 다수파인지를 제시하기는 불가능할 것이다. 그러나 그것이 제시되었다 해서 두 가설 가운데 우열이 결정되는 것은 아니다. 억지로 어느 한쪽이 주된 원인이라고 주장한다 해도 또 다른 가설의 논리가 부정되지는 않기 때문이다.

적응 만능론이 일방적인 바람의 발현인 것과 마찬가지로 '자연 선택과 유전적 부동 중 어느 쪽이 진화의 주된 원인인가?'라는 싸움도 그다지 의미 있는 일은 아니다. 과학에서는 '각각의 원리가 생물의 진화에 어떻게 기여했는가?'를 아는 것만이 의미가 있다. 그러나 그럼에도 주도권 싸움이 벌어지는 것은 과학 또한 인간의 행위이기 때문이리라.

애초에 과학이라는 학문은 기독교를 믿는 유럽 사회에서 시작되었다. 과학은 신이 창조한 이 세상이 얼마나 멋지고 위대한지 보여주기 위해 탄생한 학문이었던 셈이다. 기독교의 신은 유일신이다. 그의 의지대로 세상이 만들어졌다면 그 원리는 단 한 가지일 터이므로 그것을 찾아내는 데 커다란 의미가 있다고 믿었을 것이다.

물론 시대가 변함에 따라 과학은 신과 결별했지만, 이 '모든 것을 설명할 수 있는 단 하나의 원리가 있을 것이다'라는 믿음은 지금까지 남아 있는 것 같다.

　이과 사람들은 종종 단순한 논리로 현상을 멋지게 설명했을 때 '아름답다'라는 표현을 쓴다고 한다. 또 과학의 세계는 환원주의여서, 가급적 단순한 요소의 움직임만으로 시스템을 설명하는 것을 추구한다. 이것은 분명히 아름답다고 할 수 있지만, 세상이 반드시 그렇게 만들어져 있지는 않다. 오히려 여러 가지 원리의 상호작용으로 설명해야 하는 현상(진화도 그중 하나다)을 한 가지 원리로 환원하려고 해서는 제대로 설명되지 않는다. 즉 '아름답지 않은' 것이다. 환원주의에 입각해 여러 현상을 설명하려고 시도해온 과학은 이런 현상을 다루는 데 서툴다. 이것이 현대 과학의 한계라고 할 수 있을지도 모른다.

　어쨌든 기독교 사회라는 일신교의 문화에서 탄생한 과학은 여러 가지 원리로 성립하는 복잡한 현상을 다루는 것을 꺼려하며 단순한 환원주의로 통일시키고 싶어 하는 욕망을 숨기고 있다고도 할 수 있다. 바꿔 말하면 진화는 유전자 빈도의 변동이라는 일원적인 척도로 환원된다는 사상(환원주의)에 지배당하고 있는 것이다.

　진화는 자연 선택과 유전적 부동이라는 두 가지 서로 다른 원리의 줄다리기라는 것이 현실의 모습이며, 양쪽 모두 유전자 빈도의 세대 간 변화를 불러오는 서로 다른 원리다. 좋든 싫은 이것이 현재 진화론의 모습이다. 그렇다면 미래의 진화론은 어떻게 전개될까? 몇 가지 구체적인 사례를 통해 '생물이 보여주는 현상이 어떻게 설명될 것인가?'를 살펴봄으로써 진화론의 미래를 생각해보려 한다.

진화론도 진화한다

Dawkins

Hamilton

진화가 일어나는 몇 가지 단위

유전자야말로
진화를 담당하는 실세라는 생각은
의외로 최근에 등장했다.

지금까지 '현재 진화가 어떻게 이해되고 있는가?'를 살펴봤다. 정리하면 다음과 같다.

1. DNA의 유전 정보인 염기 서열에 변화가 일어나 집단 속에 유전적 변이가 나타난다.

2. 그 변이가 자연 선택과 유전적 부동 중 어느 한쪽 혹은 양쪽의 작용을 받아 다음 세대의 유전자 빈도에 변화가 생긴다.

3. 어느 한쪽의 작용으로 집단 속에 유전자가 고정됨에 따라 집단의 새로운 형질로 치환되어간다.

이때 생물 집단이 만들어지는 방식을 생각하면 진화, 특히 자연 선택이 작용하는 대상은 계층적으로 중복되는 몇 가지 단위로 나뉨을 알 수 있다.

첫 번째 단위는 유전자다. 이미 이야기했듯이 유전자는 생물 세포의 염색체를 구성하는 DNA의 염기 서열이며, 단백질을 형성하는 아미노산 배열이 지정되어 있다. 그 단백질이 효소 등을 통해 생물의 형질을 만들어낸다. 이 말은 하나의 유전자가 생물의 어떤 특정한 기능을 담당하고 있다는 뜻이다. 자연 선택은 기능을 지닌 것에 대해서만 작용하므로 유전자는 자연 선택의 대상이다. 물론 현실에서는 생물에 나타나는 표현형이 선택 대상이 된다. 그러나 그 결과 표현형을 결정하는 유전자가 증가하거나 감소하므로 유전자가 선택되었다고도 말할 수 있다.

유전자야말로 진화를 담당하는 실체라는 생각은 의외로 최근에 등장했다. 그 시조는 영국의 유명한 진화생물학자인 리처드 도킨스(Clinton Richard Dawkins, 1941~)로 그는 유전학에 기반한 현대 진화론의 성과를 널리 알린 인물이다. 도킨스는 1976년에 『이기적 유전자』라는 책을 써서 그때까지 상식으로 여겨졌던 개체가 진화의 단위라는 설에 정면으로 이의를 제기했다. 표현형의 자연 선택에 따라 자식을 남기거나 죽는 것은 개체일지 모르지만 선택과 관련된 형질을 결정하는 것은 유전자다. 따라서 유전자를 진화의 실체로 봐야 한다고 주장한 것이다.

도킨스는 개체나 집단이 선택의 단위라는 생각은 진화를 이해하는 데 조금도 도움이 되지 않으며 오직 유전자로 환원해서 생각하는 것이 옳은 방법이라고 강조했다. 물론 처음에는 격렬한 논쟁이 벌어졌지만, 도킨스가 주장한 개념이 아니면 설명할 수 없는 현상이 확인됨에 따라 점차 그의 생각이 일반화되어갔다.

예컨대, 일개미나 일벌은 자식을 낳지 않기 때문에 다윈의『종의 기원』에서도 진화론으로 설명할 수 없는 예로 제시되었을 만큼 문제아였다. 그러나 대부분의 경우 여왕벌과 일벌은 부모자식의 관계다. 유전자라는 관점에서 보면 자신은 자녀를 남기지 않고 일한다는 특성은 여왕과 일꾼 사이에서 높은 확률로 공유되고 있다. 여왕을 통해 다음 세대에 그 성질을 관장하는 유전자가 전해지므로 유전자를 기반으로 한 다위니즘의 개념으로 설명할 수 있는 것이다.

이것은 영국의 진화생물학자인 W. D. 해밀턴(W. D. Hamilton, 1936~2000)이 발견했는데, 도킨스는『이기적 유전자』에서 이런 예를 다수 제시하며 유전자를 기반으로 이해하는 편이 진화를 더욱 잘 설명하고 이해할 수 있다고 주장했다. 이렇게 해서 진화의 단위에 '유전자'가 추가되었다.

두 번째 단위는 개체다. 형질은 일반적으로 유전자가 발현되어 생긴 표현형을 가리킨다. '어떤 생물이 얼마나 자손을 남길 수 있는가?'의 문제는 발이 빠르거나 좀 더 효율적으로 먹이를 먹을 수 있는 것처럼 개체가 지닌 성질에 따라 결정된다. 따라서 최종적으로 늘어나거나 줄어드는 것은 형질을 관장하는 유전자라고 해도 실제로 선택을 받는 것은 개체다. 이러한 사실에서 진화의 단위는 개체라는 생각이 널리 받아들여져왔다. 개체는 유전자가 발현한 형질의 집합체로서 다양한 기능을 담당하는 실체이기 때문이다.

여기서 진화 단위의 특성에 대해 잠시 생각해보자. 예를 들어 오른팔 등 개체의 일부가 선택된다고 생각하는 사람은 없을 것이다. 그러나 오른팔의 성질을 결정하는 유전자가 선택된다고 하면 부자연스럽지 않다. 물론 개체가 선택되는 것은 지극히 자연스러운 일이다.

그렇다면 이 차이는 어디에서 오는 것일까? 즉 우리가 진화하는 것으로 파악하는 대상은 특정한 기능을 하는 하나의 구성임을 알 수 있다. 극단적인 유전자 환원주의자인 도킨스조차도 특정 염기 자리 하나하나가 진화의 단위라고는 말하지 않는다. 염기 자리 하나하나가 변화했을 때 유전자 전체를 지정하는 단백질의 기능이 변화한다. 요컨대 변화하는 것은 유전자가 담당하는 기능이며, 이 개념이 없으면 진화하는 것으로 파악할 수 없다.

이것은 관념적인 이야기이지만 의외로 중요하다. 기능을 담당하는 실체라는 이유에서 우리는 개체를 진화의 단위로 인식하고 있다. 도킨스가 유전자 기반의 진화론을 제창하기 전까지는 개체 기반의 진화론이 아무런 의심 없이 받아들여졌다. 진화의 단위는 곧 기능을 담당하는 실체다. 이것이 '진화하는 것이란 무엇인가?'에 대한 답이다.

그러나 이것이 우리 인간이 진화의 과정에서 터득한 적응인지 아니면 모든 지성체가 그렇게 인식하는지는 알 수 없다. 인간도 긴 역사 속에서 자신들을 습격하는 다른 생물로부터 도망치며 살아왔으므로 기능을 담당하는 통일적인 실체를 유닛으로 인식하는 편이 생존에 유리했을지도 모른다.

흥미로운 이야기이기는 하지만 현 시점에서는 답을 알 수 없으니 이쯤 하고 마무리해야겠다. 우리가 인류와는 별개로 독립적으로 진화한 지성체와 만났을 때에야 비로소 우리의 이해에 일반성이 있는지 확인할 수 있을지도 모른다.

한편 개체가 진화의 단위라는 개념은 사실 다윈으로부터 시작되었다. 과거에는 종이 진화의 단위라고 생각되었다. 그런데 다윈이 종은 개체가 선택된 결과로서 탄생했을 뿐 종 자체가 진화하는 것은 아니라는 생각을 제기했다. 『종의 기원』이라는 다윈의 저서는 진화에 관해 논한 책이긴 하지만 종이 진화한다든가 종이란 무엇인지에 대해서는 거론하지 않았다. 오히려 다윈은 종의 실재성을 주장하는 당시의 분류학자들과 격렬히 대립하며 '종이란 무엇인가?'에 관해 치열한 논쟁을 벌였다.

그렇다면 '종'은 진화의 단위가 될 수 있을까? 나는 그렇지 않다고 생각한다. 예를 들어 곰개미라는 종은 일본 전역에 살고 있지만 이동력은 그다지 좋지 않다. 그래서 규슈의 곰개미와 홋카이도의 곰개미는 서로 관계를 맺지 않고 살고 있다. 또한 진화하는 실체는 '진화를 담당하는 실체'여야 한다. 따라서 특정한 기능이 없고 상호작용을 하지 못하는 종은 진화하는 실체가 될 수 없다. 다윈의 주장처럼 과거에 개체의 선택을 통해 형성된 종이 분포가 확산됨으로써 나타나는 잔상 같은 것이리라.

그렇다면 어떤 경우에도 개체를 초월하는 집단은 진화의 실체, 즉 선택을 받는 단위가 되지 못하는 것일까? 이에 대한 대답도 "아니오"이다. 여기서 세 번째 단위인 집단이 등장한다. 예를 들어 개미 중에는 병정개미라는 대형 일꾼을 보유하는 종류가 있다. 병정개미는 커다란 음식을 썹어서 부수는 일처럼 일반적인 일개미가 하지 못하는 일을 효율적으로 처리할 수 있는 특수한 개체다. 이때 집단 전체(군락)가 가장 효율적으로 일을 처리하기 위해서는 병정개미의 개체수가 적절한 비율을 이루고 있어야 하며 실제로 몇몇 종류에서는 최적의 비율을 이루고 있음이 확인되었다.

'병정개미의 비율'이라는 형질은 개체의 형질이 아니라 군락을 이룰 때 비로소 나타나는 이른바 집단 단위의 표현형이다. '병정개미의 최적 비율'이 실현되었다는 말은 군락 층위에서 자연 선택이 작용해 군락의 기능이 개량되도록 진화가 일어난 결과라고 생각할 수 있는 것이다.

개미나 벌의 군락은 다른 군락과 경쟁하는 기능적인 실체다. 그리고 병정개미의 비율은 그 기능의 표현형이다. 따라서 기능을 지닌 실체가 되었을 경우에는 집단도 선택의 단위가 될 수 있음을 이해할 수 있다.

유전자·개체·집단. 지금까지 선택이 작용하는 단위로 이렇게 세 가지 층위를 꼽았다. 앞에서도 이야기했듯이 선택이 작용하는 실체, 즉 유전자나 개체 등의 기능을 담당하는 실체는 '기능을 발휘하는 덩어리'다. 그러므로 이 세 가지만 있다고 단언할 수는 없을 것이다. 우리가 생각한 적이 없을 뿐 더 있을지도 모른다.

또 이와 같은 단위는 계층적으로 배치되므로 각각의 층위 사이에 상호작용이 있을 것이다. 예를 들어 유전자가 변화하면 개체가 변화하고, 개체가 변화하면 집단의 구성이 변화한다. 그리고 상위의 계층이 선택을 받으면 하위 계층의 구성도 변화한다.

미래의 진화학은 이런 복잡성을 고려하면서 자연을 이해할 필요가 있다.

생물의 놀라운 다양성을
과학적으로 설명하다

생태학이나 진화학의
역할은 생물의 놀라운 다양성을
과학적으로 설명하는 것이다.

다윈은 자연 선택설을 만들었고, 또 멘델의 유전 법칙이나 돌연변이의 발견이 있었다. 그리고 유전자인 DNA에 일어난 변화가 자연 선택을 통해 적응을 불러온다는 종합설이 완성되었다. 또 유전적 부동을 포함해 진화는 유전자 빈도의 변화로서 환원해서 해석할 수 있다는 인식이 확산되어왔다는 것도 이야기했다.

이상의 인식을 바탕으로 '어느 특정 유전자가 집단 속에서 어떻게 보존되고 증감하는가, 즉 유전자 빈도가 어떻게 변화하는가?'를 연구하는 학문이 '집단 유전학'이다. 복잡한 진화의 역학을 유전자 빈도의 변화라는 단 하나의 척도로 이해할 수 있으므로 학문적으로 편리하다는 것은 분명하다. 도킨스가 다윈의 진화론을 유전자 수준에서 적용하여 널리 소개한 덕분에, 진화를 유전자 빈도의 변화로 파악하는 입장은 현대 진화론에서도 일반적인 관점이 되었다. 그러나 생물이 보여주는 다양한 생태 현상을 이해하기 위해서는 유전자 빈도의 변화를 진화로 환원하는 것만으로는 불충분한 경우도 있다.

내 전공 중 하나는 벌이나 개미처럼 사회를 구성하는 생물의 행동에 대한 연구인데, 이 분야에서 어떤 문제를 둘러싸고 커다란 논쟁이 벌어졌다. 바로 '혈연 선택'을 둘러싼 논쟁이었다. 혈연 선택은 유연관계가 가까운 개체들의 생존에 유리한 형질이 진화하는 현상으로, 이 이론은 가족 내 이타주의를 설명한다.

벌이나 개미는 여왕만이 자손을 낳으며 일꾼은 자손을 낳지 않고 일만 한다. 이에 대해 일꾼은 여왕과 혈연관계이므로 자손을 낳지 않고 여왕을 돕는 행동을 발현시키는 유전자가 여왕을 거쳐 다음 세대로 전달됨으로써 진화한다고 해석되어왔다. 물론 일꾼이 여왕과 협력했을 경우, 여왕을 통해 다음 세대로 전해지는 일꾼의 유전자량은 자신이 자손을 낳기를 멈춤으로써 줄어든 만큼을 보충하고도 남는다. 즉 단독으로 자손을 낳기보다

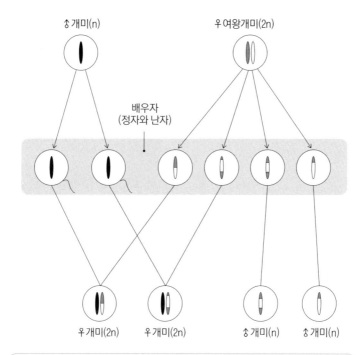

♂ 개미(n)   ♀ 여왕개미(2n)

배우자
(정자와 난자)

♀ 개미(2n)   ♀ 개미(2n)   ♂ 개미(n)   ♂ 개미(n)

단수배수성(반수배수성半數倍數性이라고도 함)으로 성이 결정되는 생물의 경우, 게 놈을 하나밖에 가지지 않은 일배체의 알(미수정란)은 수컷이, 이배체의 알(수정란) 은 암컷이 된다. 그리고 아버지의 게놈은 전부 자녀에게 전해진다. 따라서 모든 암컷 자녀(딸)는 아버지에게 유래된 같은 게놈을 지닌다. 딸의 두 개의 유전자 중 하나는 반드시 같은 것이 된다. 남은 반(0.5)에는 어머니에서 유래한 유전자 중 하나가 들어 간다.

따라서 딸의 입장에서 보면 여동생이 자신과 같은 어머니에서 유래한 유전자를 지녔 을 확률은 0.5×0.5=0.25가 된다. 그리고 이 딸 입장에서 여동생이 자신과 같은 유전 자를 지녔을 확률(혈연도)은 0.5+0.25=0.75(3/4)가 된다. 자신이 딸을 낳을 경우 전달 되는 게놈은 0.5이므로 암컷의 입장에서는 자신이 딸(혈연도 0.5)을 낳기보다 여동생 (혈연도 0.75)을 키우는 편이 자신과 같은 유전자를 더욱 높은 확률로 미래에 전달할 수 있다. 즉, 지금까지 자신이 자녀를 낳아 기르던 행동을 그만두고 어머니가 낳은 여동생을 키우는 것으로 변화함으로써 이득을 보는 것이다.

는 사회를 만드는 편이 유리하다는 의미에서 진화인 셈이다. 이런 생각을 혈연 선택이라고 부른다.

혈연 선택을 최초로 생각해낸 해밀턴은 이것을 정식화하기 위해 타인을 위해 일하는 개체의 유전자 전달량(=적응도)의 경우, 자신이 남긴 유전자량과 함께 자신이 도운 상대에게서 유래한 유전자량도 생각해야 한다고 주장했다. 자신이 도운 상대의 유전자량을 생각한 적응도를 포괄 적응도라고 부른다. 상대를 경유한 적응도(간접 적응도)의 값을 알아보기 위해서는 상대가 남긴 유전자의 수를 상대와 어느 정도 가까운 혈연이었느냐에 따라서 산출해 생각해야 한다. 이 수치를 혈연도(r)라고 부르는데, 상대가 자신의 클론(단일 세포나 개체로부터 무성생식으로 생긴 개체군)이라면 혈연도는 1.0(r=1.0)이다. 그리고 상대가 늘린 유전자량 전부가 자신의 이익이 되는 어미라면 r=0.5가 되어 절반이 자신의 이익이 된다는 식이다.

현대의 진화 가설은 어떤 유전자에 대해 적응도를 결정하고 그 유전자와 그 외의 형질을 가져오는 유전자 중 어느 쪽이 높은 적응도를 가져오는지를 비교해 적응도가 높은 쪽이 진화한다고 예측한다. 따라서 혈연 선택을 생각하면 자신이 자손을 낳지 않게 되는 사회성 진화를 자연 선택의 틀 안에서 이해할 수 있다.

이것이 도킨스가 진화를 유전자의 관점에서 바라보게 된 근거였다.

그러나 최근에는 일꾼과 여왕이라는 복잡한 상호작용을 생각하지 않아도 어미와 자식 세대의 집단 속에서 사회성 유전자의 빈도를 비교하면 진화의 방향을 알 수 있게 되었다. 따라서 이런 복잡한 취급은 낭비일 뿐이라는 주장이 제기된 것이다. 요컨대 유전자 빈도만을 기술하면 되며, 진화를 생각할 때 복잡한 상호작용과 그 역할을 고려할 필요는 없다는 주장이다. 한편 이에 맞서는 입장은 혈연관계의 틀이야말로 현상의 이해에 필수불가결하다는 주장이다.

이 두 견해는 최근 몇 년 동안 격렬한 논쟁을 벌이고 있다. 관련 논문만 해도 30편 정도는 될 것이다. 격렬한 대립이 일어나는 원인은 의견을 제시했을 때 '설명한' 것으로 간주하는 견해에 차이가 있기 때문인 듯하다.

유전자 기술(記述)파는 유전자에 기반을 둔 관점에서 진화의 방향을 알면 진화학에서 알아야 할 것은 밝혀졌으므로 어떻게 해서 그 변화가 일어났는지를 아는 것은 중요하지 않다고 생각한다. 이에 비해 혈연 선택을 주장하는 사람들은 무의식중에 개체를 염두에 두고 있어서, 개체와 개체가 어떻게 상호작용 하는 것인지를 알 때에야 비로소 어떤 유전자의 움직임이 어떤 역학에 따라 변화하는지가 '설명된다'고 생각한다.

논리적으로는 두 견해를 모두 부정할 수 없다. 따라서 어느 쪽이 더 생물에 관한 깊은 이해를 불러오는지를 판단해야 한다. 내 입장은 후자다. 유전자 빈도의 세대 간 변화는 분명히 진화의 방향이나 양을 기술한다.

그러나 이미 살펴봤듯이 유전자 빈도의 변화를 가져오는 메커니즘은 우리가 알고 있는 것만 해도 자연 선택과 유전자 부동 두 가지가 있다. 따라서 유전자 빈도의 변동을 아무리 살펴본들 그것이 어떻게 해서 일어났는지는 알 수 없는 것이다. 생물이 나타내는 현상을 이해하는(=설명하는) 것이 과학의 역할이라는 관점에서 보면 왜 그런 변화가 일어났는지를 알 필요가 없다는 태도는 과학에 대한 부정으로 생각된다.

처음에 자연 선택의 단위를 이야기하면서 살펴봤듯이 유전자는 직접 선택을 받지 않으며, 그것이 나타내는 형질을 지닌 개체가 증가하거나 감소함으로써 유전자 빈도가 변화한다. 그렇다면 개체 수준에서 어떤 힘에 의해 어떤 형질을 지닌 개체가 늘어나거나 줄어듦으로써 유전자 빈도가 변하는지 그 이유가 밝혀지는 편이 생물의 진화 현상을 더 깊이 이해할 수 있을 것이다.

생물에 대한 선택 방식은 실로 다양해서, 한 가지 메커니즘으로 설명할 수는 없다. 환원주의의 관점에서 더 많은 것을 설명할 수 있는 원리가 중요하다면 대부분의 진화에서 공통적인 요소인 유전자 빈도의 변화만 뽑아내 설명했다는 기분이 드는 것은 이해가 된다. 그러나 생태학이나 진화학의 중요한 역할은 이 세상에 있는 생물의 놀라운 다양성을 과학적으로 설명하는 것이다. 이 근본적인 과제를 외면하고 과도한 단순화를 시도한다면 무슨 의미가 있을까?

철학적인 이야기는 이 정도로 하고, 지금부터는 진화론의 미래를 바꿀지도 모르는 구체적인 사례를 소개하려 한다. 현재의 종합설에 바탕을 둔 유전자 기반의 진화론으로는 다룰 수 없거나 현재의 개념에서 벗어난 생물의 다양한 현상을 살펴보면 미래 진화론의 모습도 보일 것이기 때문이다.

진화학의 중요한 역할은 생물의 놀라운 다양성을 설명하는 것이야.

호수에서 플랭크톤의 다양성이
유지되는 이유

어떻게 자연에서는
다수의 생물이 공존할 수 있을까?

다윈의 자연 선택설을 요약하면 두 개의 서로 다른 유전적 변이체가 누가 더 자손을 많이 남길 수 있는지 경쟁해서, 그중 능력이 뛰어난 쪽이 살아남고 뒤처지는 쪽은 사라진다는 것이다. 경쟁은 발의 빠르기, 힘의 세기, 배고픔을 견딜 수 있는 힘 등 다양한 형질을 대상으로 벌어지는데, 결국은 '얼마나 많은 자손을 남길 수 있는가?'라는 관점에서 평가된다. 다윈의 이러한 생각을 '경쟁적 배제'라고 부르며, 자연 선택설의 대원칙으로 인식되고 있다.

분명히 좁은 공간에서 변이체 사이에 상호작용이 있을 경우에는 이 설이 옳은 것으로 생각된다. 실제로 짚신벌레를 이용한 실험에서는 짚신벌레와 포식자를 수조 안에 넣은 결과 처음에는 짚신벌레가 일시적으로 증가했지만 결국 짚신벌레를 잡아먹고 증식한 포식자만 남고 짚신벌레는 절멸했다. 자연적 배제를 보여주는 유명한 고전적 실험인데, 짚신벌레가 절멸한 뒤에는 포식자도 먹을 것이 없어져 절멸한다. 따라서 단순한 경쟁적 배제로는 수많은 생물이 공존하고 있는 자연의 현상을 설명할 수 없다.

어떻게 자연에서는 다수의 생물이 공존할 수 있을까? 짚신벌레와 포식자의 관계를 대상으로 또 한 가지 실험이 실시되었다. 은신처가 될 장애물을 수조에 넣자 그때까지 절멸 상태였던 짚신벌레가 살아남게 된 것이다. 이에 따라 포식자도 절멸하지 않고 양쪽이 공존하기 시작했다. 은신처가 생기면 포식자가 짚신벌레를 발견하는 효율이 떨어지기 때문에 살아남는 짚신벌레가 생기며, 그 결과 둘 모두 절멸하지 않고 공존하는 것으로 해석된다. 자연 환경은 복잡해서 피식자를 절멸시키지 않는, 즉 포식의 효율성을 낮추는 구조가 있는 것으로 생각된다.

정글의 왕인 사자조차도 사냥에 수없이 실패한다는 사실은 다양한 매체에 소개된 대로다. 즉 환경의 복잡성으로 경쟁이 완화되어 포식자와 피식자 모두 공존하는 것으로 해석할 수 있다. 이 경우 둘 사이의 경쟁은 있지만, 경쟁적 배제를 완성시킬 만큼 강하게 작용하지는 않는 것으로 생각된다.

그렇다면 더 많은 종류가 밀집할 경우에도 같은 원리에 따라 다양성이 유지될까? 최근에 이런 관점에서 재미있는 가설이 제출되었다. 호수에는 수많은 종류의 플랑크톤이 살고 있는데, '플랑크톤의 다양성은 어떻게 유지되는가?'라는 문제를 다룬 연구다.

호수는 폐쇄 공간으로 볼 수 있으므로 각 종 사이에 경쟁이 벌어지고 있는 현장인 셈이다. 포식자-피식자의 관계라면 환경의 복잡성이 경쟁을 약화시킨다고도 생각할 수 있지만, 경쟁에는 여러 형태가 있다. 따라서 연구의 일원화를 위해 상호작용이 있을 경우 경쟁의 속도에 따라 자손을 남길 확률이 증감한다고 가정한다.

이 연구가 재미있는 점은 플랑크톤의 이동력은 무한대가 아니라고 생각한 것이다. 요컨대 호수 안에서 자유롭게 상호작용이 일어나는 것이 아니라 각 종류의 플랑크톤 개체가 근처에 있는 개체와는 상호작용을 할 수 있지만 호수 반대쪽에 있는 개체와는 접촉하지 않을 것이라고 가정했다. 이것은 현실적인 가정이다. 호수는 사람에게는 그다지 넓은 공간이 아닐지 모르지만 작은 플랑크톤에게는 거대한 공간이다. 인간도 교통수단이 없다면 지구 반대쪽에 사는 사람과 만나는 것은 거의 불가능하다.

이때 공간의 거대함을 무시하고 두 개체의 플랑크톤을 임의로 추출해 상호작용 하도록(거리가 가깝든 멀든 같은 확률로 만나도록) 시뮬레이션을 실시했더니 극소수의 종류밖에 공존하지 못한다는 결과가 나왔다. 그런데 거리에 따라 만날 확률을 줄인 시뮬레이션에서는 호수 전체에 훨씬 많은 종류가 공존한다는 결과가 나왔다. 이것은 거리에 따라 만날 확률이 변하는 후자의 상황에서는 서로 만나지 않는(경쟁하지 않는) 종류가 많아져, 국소적으로는 경쟁적 배제가 일어나지만 전체적으로는 많은 종류가 공존하게 된다고 해석할 수 있다. 경쟁적 배제가 일어나도 전체적으로는 다양성이 유지되는 것이다.

인간의 기준으로는 좁다고 판단되는 호수도 플랑크톤에게는 서로 만날 수 없을 만큼 넓은 세계다. 또 인간처럼 크고 이동력이 뛰어난 동물도 대륙 규모나 지구 규모로 보면 마찬가지다. 기존에 생각했던 경쟁 방식만이 아니라 공간의 규모도 공간 전체의 다양성 유지에 영향을 끼친다는 새로운 관점을 제시한 연구였다.

이런 생각은 경쟁은 항상 있으며 이것에 따라 집단의 다양성이 설명된다는 경쟁 환원적 발상과는 전혀 다르기 때문에 좀처럼 받아들여지지 않을지도 모른다. 그러나 현실에 존재하는 다양성을 설명하는 가설로서 적어도 논리적으로는 옳다. 지금까지의 결정론적 사고방식과는 다를지라도 검토해볼 만한 가치는 있는 것이다. 이 가설이 실제로 성립하느냐는 미래 진화학이 풀어야 할 과제다.

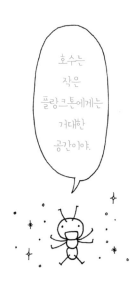

호수는
작은
플랑크톤에게는
거대한
공간이야.

일하지 않는 그물등개미는
왜 멸종하지 않을까

그물등개미의 경우는
자연계에서 일어나고 있는 현상이
그렇게 단순하지 않음을 보여준다.

이번에는 개미에 대해 이야기해보자. 개미는 자신은 알을 낳지 않고 군락 전체를 위해 일하는 특성을 지니고 있다. 자신이 자손을 낳지 않는다는 특성의 진화에 대해서는 앞에서 설명한 바 있다. 요컨대 일하는 개미가 자손을 남기지 않고 일함으로써 어미인 여왕개미가 많은 알을 낳을 수 있다면 자신이 자손을 낳지 않더라도 일하는 유전자가 어미를 경유해 다음 세대에게 전달되기 때문이다.

일반적으로 개미의 종류에는 여왕개미가 있고 자손을 낳지 않고 일하는 일개미가 있는데, 지금부터 소개할 그물등개미

*(Pristomyrmex punctatus)*는 조금 특이하다. 여왕개미가 없는 것이다. 그렇다면 누가 자손을 낳을까? 모든 일개미가 조금씩 자식을 낳는다. 즉, 모든 일개미가 노동을 하며 게다가 알까지 낳는 것이다. 이런 그물등개미의 군락에서는 대형 일개미가 발견된다.

대형 일개미에게는 소형 일개미에게 없는 홑눈이 있기 때문에 쉽게 구별할 수 있다. 그러나 대형 일개미의 정체에 관해서는 오랫동안 알려지지 않았다. 그런데 최근 20년 사이의 연구를 통해 이 개미가 참으로 기묘한 시스템을 가지고 있음이 밝혀졌다.

대형 일개미는 소형 일개미에 비해 많은 알을 낳는다. 애초에 알을 만드는 난소의 수 자체가 많다. 또한 소형 일개미는 유충을 돌보거나 먹이를 모으는 등의 일을 열심히 하지만 대형 일개미는 전혀 일을 하지 않는다. 그저 먹이를 먹고 알을 낳을 뿐이다. 대형 일개미가 낳은 알은 대형 일개미가, 소형 일개미가 낳은 알은 소형 일개미가 되므로 이 차이는 유전적인 것으로 생각되었는데, 이 가정은 훗날 옳은 것으로 밝혀졌다.

이상과 같은 사실에서 그물등개미의 대형 일개미는 소형 일개미의 노동을 이용해 자신의 자녀를 키우게 하는 기생자라고 생각할 수 있다. 이와 같이 군락의 노동력에 기생하는 '사회 기생'이라고 부르는 현상은 다양한 개미에게서 발견되고 있기 때문에 그다지 신기한 일은 아니다.

가령 사무라이개미(*Polyergus samurai*)는 유연관계가 깊은 곰개미(*Formica japonica*)의 둥지에 들어와서 번데기나 성장한 유충을 강탈해 간다. 그리고 성충이 된 곰개미들은 사무라이개미의 군락을 유지하기 위해 일한다. 사무라이개미의 일꾼의 턱은 번데기를 옮기기 쉬운 형태로 변화했기 때문에 먹이를 씹어 부수는 등의 일반적인 노동을 할 수 없다. 그들은 둥지의 노동을 전부 곰개미에게 맡기고 아무런 일도 하지 않는 것이다.

그 밖에도 여왕이 혼인 비행을 한 뒤에 다른 종류의 개미 둥지로 들어가서 상대 여왕을 죽이고 자신의 일꾼을 키우게 하는 종류나 상대 여왕을 죽이지 않고 계속 자신의 날개미만을 키우게 하는 종류도 있다.

그러나 그물등개미에게는 한 가지 신기한 점이 있다. 그물등개미의 경우 기생자인 대형 일개미는 전혀 일을 하지 않고 소형 일개미보다 많은 알을 낳는다. 그 결과 대형 일개미가 있는 군락에서는 서서히 대형 개체의 비율이 높아져 결국 대형 개체만 남는다. 시간당 번식률이 다른 두 유전 유형이 존재하므로 이것은 전형적인 경쟁적 배제라고 생각할 수 있다. 그러나 대형 일개미의 비율이 높아지면 군락 전체의 생산성은 떨어진다. 대형 일개미는 일을 하지 않기 때문이다. 그러면 마지막에는 군락이 절멸할 것이다. 대형 일개미가 군락 사이를 이동하지 않는다면 군락이 절멸할 경우 대형 일개미도 절멸한다. 기생자인 대형 일개미는 군락 사이를 이동하며 마치 병원균처럼 건전한 군락을 감염시킬 것이다. 이 경우 감염력이 너무 강하면 모든 군락이 기생자에 감염되어 전부 멸망할 것이며, 역시 이들의 계통은 오래 지속되지 못한다.

그러나 수십 년 이상 그물등개미의 대형 일개미가 일정 비율로 발견되는 장소가 있다. 어떻게 해서 그처럼 일정 비율을 유지하는지는 알 수 없었다. 그런데 최근 들어 재미있는 사실이 밝혀졌다. 다수의 군락이 존재하는 집단 속에서 대형 일개미가 군락 사이를 이동한다는 전제하에 대형 일개미의 이동력을 변경해 시뮬레이션을 실시한 결과 이들의 이동력이 어떤 범위일 때만 공존이 일어남을 알게 된 것이다.

감염력이 너무 낮으면 감염된 군락만 절멸하고 대형 일개미도 절멸한다. 반대로 감염력이 너무 높으면 모든 군락이 감염되어 집단 전체가 절멸한다. 그 중간의 어떤 범위일 때만 감염된 군락이 절멸함으로써 생긴 빈 땅에 건전한 군락이 새로 들어오는 속도와 대형 일개미가 감염되어 확산되는 속도가 균형을 이루어 '공존이 가능해지는' 것이다.

중요한 사실은 '집단 속에 복수의 군락이 존재한다'는 점과 '대형 일개미는 근방의 군락으로만 이동할 수 있다'는 점이다. 이와 같은 집단을 전문 용어로 '구조화되어 있다'고 한다. 모든 개체가 무작위로 공간상의 모든 개체와 똑같은 확률로 상호작용을 할 수 있다는 '구조가 없는 상태'와 대비되는 개념으로 이렇게 부르는 것이다. 이 공간 구조가 있음으로써 그물등개미의 기생자인 대형 일개미가 장기간에 걸쳐 작은 일개미와 공존할 수 있었던 것이다.

지금까지의 진화론에서는 개체가 상호작용하는 집단은 하나이며 '구조가 없다'는 전제가 있었다. 그러나 이 그물등개미의 경우는 자연계에서 일어나고 있는 현상이 그렇게 단순하지 않음을 보여준다. 앞에서 소개한 플랑크톤의 다양성과 마찬가지로 공간의 크기에 대해 생물의 이동력 등이 제한되어 있는 까닭에 공간 구조가 생기는 것이다. 이 관점을 도입할 때 비로소 기존의 진화 개념으로는 설명하지 못했던 현상을 설명할 수 있게 된다.

현재의 진화론은 결코 완성된 것이 아니다. 우리가 아직 깨닫지 못한 원리가 작용하고 있는 사례는 앞으로도 계속 발견될 것이다. 그런 예가 전부 사라진다면 진화학자도 사라지게 되겠지만.

경쟁 관계에서 가장 강한
한 종만 살아남는다?

자연 선택설은
매우 단순한 상황을 전제하지만,
실제의 자연은 훨씬 복잡하다.

자연 선택설에서는 경쟁 관계에 있는 생물이 복수로 있을 때는 가장 경쟁력이 강한 한 종만 살아남는다(적자생존 혹은 자연적 배제)고 생각되어왔다. 그러나 자연계를 보면 같은 장소에 비슷한 생물이 여러 종 분포하는 경우를 흔히 볼 수 있다. 이들 '공존종'은 어떻게 공존하는 것일까?

먼저 아주 비슷한 종류가 같은 장소에 있는 경우를 잘 조사해보면 이용하는 환경이 미묘하게 달라서 경쟁이 거의 일어나지 않는다는 사실이 관찰된다. 이것은 과거에 종이 진화의 단위라고 생각했던 이마니시 긴지(今西錦司, 1902~1992) 박사의 하루살이 연구에서 밝혀졌다. 강기슭에서 가장 수심이 깊은 곳까지 미묘하게 형태가 다른 하루살이의 종이 연속적으로 살고 있었으며, 이들은 하나의 강에서 경쟁이 일어나지 않도록 이용 장소를 바꾸는 사실이 밝혀졌다. 이마니시 박사는 이것을 '서식지 분할'이라고 명명하고, 종이 살아남기 위해 경쟁하지 않도록 진화했다고 해석했다.

그러나 자연 선택설의 관점에서 이 현상을 바라보면, 비슷한 환경을 이용하는 경쟁적인 두 종이 만났을 때 '그대로 경쟁에 노출되는 형질을 지닌 유형'과 '경쟁을 완화하는 형질을 지닌 유형'이 있다면 후자가 경쟁에 비용을 덜 들이는 만큼 전자보다 생존 적합도가 높아질 것이다. 그래서 각각의 종 내에서 서로 경쟁이 완화되도록 형질이 진화했다고 설명할 수 있다. 요컨대 개체 수준의 자연 선택이 작용한 결과 서식지 분할이 형성되었으며, 같은 환경을 이용하는 종은 역시 경쟁적 배제를 통해 어느 한쪽이 절멸한다는 것이다.

그렇다면 경쟁적인 관계에 있는 복수의 종은 서식지 분할이 되어 있지 않을 경우 반드시 서로를 배제하는 결과를 가져올까? 예를 들어 짚신벌레와 포식자의 관계를 떠올려보자. 포식자는 짚신벌레를 먹고 증식하므로 이 둘은 경쟁 관계라고 말할 수 있다.

러시아의 생태학자인 게오르기 가우제(Georgy Gause, 1910~1986)가 실시한 실험에서는 아무런 장애물도 없는 곳에 함께 두면 포식자가 짚신벌레를 전부 먹어치우고 자신들도 절멸하는 결과가 나왔다. 경쟁적 배제가 일어난 결과 경쟁에 승리한 쪽도 존속하지 못하게 되는 것이다. 요컨대 경쟁 상대가 없으면 자신도 존속할 수 없는 상황이 초래됨을 알 수 있다.

포식자 중에 짚신벌레를 발견하는 효율이 높아 보이는 족족 먹어치우는 유형과 발견 효율이 낮아 일부는 놓치는 유형이 있다고 가정하자. 포식자로서 후자만 있을 경우 짚신벌레는 절멸하지 않고 계 전체가 존속하지만, 전자가 포식자일 경우는 얼마 안 있어 계가 지속되지 못하게 된다. 여기에서도 단기적인 발견 효율(증식률)이 높은 쪽이 적응도가 높지만, '장기적인 존속성'이라는 관점에서는 불리함이 밝혀졌다. 그물등개미의 대형 일개미와 소형 일개미의 관계와 매우 비슷하다. 이런 경우에 어떤 진화가 일어나는지는 아직 해명되지 않았다.

최근에 서식지 분할과는 다른 작용 원리로 복수 종의 공존성을 설명하는 관점이 보고되기 시작했다. 가령 복수의 개구리 종이 같은 연못에 있을 경우는 서식 장소에서 종의 다양성이 높을수록 어떤 개구리가 기생충에 감염될 확률이 낮아진다는 결과가 보고되었다. 개구리는 비슷한 생태를 보이므로 이들 종류는 경쟁 관계에 있다고 생각할 수 있는데, 그 경쟁 상대가 있을 때만 기생충에 감염되지 않는 것이다. 여기서 '다른 개구리가 있으면 기생충이 특정 종과 만날 확률이 줄어들기 때문에 감염률이 낮아진다'라는 작용 원리를 생각해볼 수 있다. 다른 종류의 개구리가 있음으로써 기생충의 기생(포식)압이 줄어준다. 이것을 '희박 효과'라고 부른다. 당연한 말이지만, 이 효과를 얻기 위해서는 다른 종류의 존재가 필수 조건이다. 따라서 어떤 유전 유형이 경쟁에서 승리하면 집중적인 포식의 대상이 되어 어느 정도 경쟁자의 존재를 용납하는 유형보다 불리해지는지도 모른다.

자연 선택설은 이 세상에 '자신'과 '조금 다른 경쟁자'만 있다는 매우 단순한 상황을 전제하지만, 실제의 자연은 훨씬 복잡하다. 포식과 피식의 관계가 지극히 평범한 자연에서 여러 종과의 공존, 즉 다양성은 상대가 존재하기 때문에 유지된다. 이것은 진화를 이해하는 데 매우 중요한 새로운 관점일 것이다.

또 여기에서도 각각의 유전 유형이 순간적인 증식률을 높여 경쟁에서 승리하려는 전략은 최종적으로 살아남을 수 없다는 결과가 나왔다. 이런 유형이 단기적인 증식률은 낮아도 장기적인 존속률이 높은 유형과 경쟁할 경우, 단순한 조건에서는 반드시 승리한다. 그러나 실제 세계에서도 그들만이 살아남으리라고는 생각하기 어렵다. 그렇다면 생물이 사는 환경에서는 단기적인 증식률을 높이는 유형을 진화시키지 않고 장기적으로 존속하기 쉬운 유형을 살아남게 하는 어떤 원리가 숨어 있다고 생각해야 할지도 모른다.

지금까지 지구상에 출현한 생물의 종 가운데 99.9%는 절멸했다. 어쩌면 절멸을 피하는 위험 방지책은 현재의 진화론에서 주류가 되고 있는 '단기적인 증식률'이라는 선택압 (자연돌연변이체를 포함하는 개체군에 작용하여 경쟁에 유리한 형질을 갖는 개체군의 선택적 증식을 재촉하는 생물적, 화학적, 물리적 요인-옮긴이)보다 훨씬 거대한 선택압으로서 생물에게 작용하고 있는지도 모른다. 이것을 밝혀내는 것이야말로 새로운 진화학의 사명일 것이다.

투구새우의 위기관리

투구새우의 번식 전략은 단기적인 이익은 적지만, 장기적으로는 위험을 최소화한 방법이다.

종합설을 포함해 현재의 자연 선택설에서는 적응도라는 개념이 가장 중요하다. 두 가지 유전 형질이 있을 때 환경에 유리한 형질이 살아남아 후대에 계속 전달되면서 개체수를 늘린다는 것, 즉 빈도를 높인다는 것이 자연 선택 이론의 기본 전제다.

이때 유리함이란 무엇일까? 경쟁에 강하다는 의미인데, 그렇다면 경쟁이란 무엇일까?

포식자로부터 도망치기 위해 발이 빠르거나 물속에서 효율적으로 생활하기 위해 지느러미가 발달한 것처럼 경쟁의 형태는 다양하다. 적응 진화의 관점에서는 가지고 있는 형질의 차이, 예를 들어 발 빠르기에 따라 적응도가 달라지며, 적응도가 높은 쪽이 유리한 것으로 생각된다.

그렇다면 적응도란 구체적으로 무엇일까? 그것은 개별 유전 형질이나 유전자(DNA)가 다음 세대로 전달되는 정도를 나타내는 개념으로 한 개체당 얼마만큼의 자식을 남기는가로 표시된다. 두 가지 유전 형질 가운데 이 값이 큰 쪽이 개체수를 늘려가는 것은 분명하다.

그 형질이 존재하는 까닭에 다음 세대에 대한 유전자 전달 수(적응도)가 어떻게 될지 가늠할 수 있으며, 적응도가 높은 쪽이 진화한다. 이런 사고가 채용됨으로써 복잡한 형질의 진화를 단순화시켜 모델화할 수 있게 되었다. 여기에서 적응도는 '다음 세대에 전달된 유전자의 복제 수, 즉 자손의 개체수'라는 것에 주의하기 바란다. 그렇다면 최대한 자식을 많이 낳아서 다음 세대에 전달되는 유전자의 수를 늘리는 편이 유리한 것이 된다.

그러나 때로는 이런 원리가 그렇게 단순하지만은 않은 경우가 있다.

투구새우라는 절지동물의 번식 전략을 살펴보자. 투구새우는 물속에서 성장하는 생물인데, 건조한 곳에서 살며 때때로 비가 내려 생긴 물웅덩이에서 발생하고 성장해 알을 낳는다. 건기에

물이 마르면 알의 형태로 휴면하며 비가 내리기를 기다린다. 그런데 비가 내려서 생기는 물웅덩이는 불안정한 환경이다. 비가 조금밖에 내리지 않았을 때는 금방 말라버린다. 이때 투구새우는 어떤 번식 전략을 취해야 할까?

만약 다음에 비가 왔을 때 알이 전부 부화한다고 가정하자. 일반적인 생물은 그렇게 한꺼번에 부화하는 알을 낳는다. 적당한 조건이 갖춰졌을 때 전부 부화하도록 되어 있는 것이다. 그러나 투구새우의 경우 모든 알이 일제히 부화하도록 되어 있으면 강수량이 적을 때 자식들이 성장을 마치고 알을 낳기 전에 물웅덩이가 말라버릴 위험이 있다. 그렇게 되면 자식들은 전멸하며, 부모의 적응도는 제로가 되어버린다. 어떻게 해야 할까?

투구새우가 낳은 알 중에는 한 번 젖으면 부화하는 것, 두 번 젖으면 부화하는 것, 세 번 젖으면 부화하는 것, 더 많이 젖어야 부화하는 것이 있다. 이렇게 함으로써 첫 번째 비에 부화한 자식이 전멸하더라도 두 번째 비가 충분히 내리면 유전자를 다음 세대에 남길 수 있다. 몇 번 중에 한 번은 충분한 양의 비가 내릴 터이므로 알의 부화에 필요한 물에 젖는 횟수를 각각 다르게 설정하는 유전자형을 지닌 부모는 자신의 유전자를 장래의 세대에 확실히 전달할 수 있는 것이다.

이러한 전략은 가령 룰렛을 할 때 빈털터리가 되는 것을 방지하기 위해 빨강과 검정 양쪽에 동시에 돈을 거는 방법과 비슷하다. 그래서 투구새우의 번식 전략과 같은 방법을 '헤지 베트(위험 최소화) 전략'이라고 부른다. 물론 이런 전략을 구사하면 반드시 어느 정도는 돈을 딸 수 있지만 또 어느 정도는 반드시 잃게 되므로 큰 이익을 내기는 어렵다.

모든 알이 한 번 젖기만 해도 부화할 경우, 한꺼번에 부화한 자식들이 다음 산란 때까지 성장할 수 있다면 다음 세대에 많은 유전자를 전달할 수 있을 것이다. 그 자식들은 또 다음 세대에 많은 알을 남길 것이다. 이 조건에서는 한꺼번에 알을 부화시키는 전략이 적응도가 높게 생각되며, 항상 자식이 알을 낳을 수 있을 정도로까지 자랄 수 있는 안정된 환경이라면 이 전략이 성립할 것이다.

그렇다면 투구새우의 방식은 어떨까? 투구새우의 방식은 매년 부화하는 자식의 수가 모든 알을 한꺼번에 부활시킬 때보다 아무래도 적을 수밖에 없다. 항상 자식의 성장이 보증되는 안정된 환경에서는 알을 한꺼번에 부화시키는 편이 좋은 것이다. 그러나 언제 적합한 환경이 될지 알 수 없는 상황에서 모든 알을 한꺼번에 부화시키는 것은 위험이 너무 크다. 만에 하나 부적합한 환경에서 모든 알이 부화한다면 다음 세대에 전하는 유전자의 양은 제로가 되어버리기 때문이다. 이와 같이 투구새우의 번식 전략은 단기적인 이익은 적지만, 장기적으로는 위험을 최소화한 방법이다.

이제 이해가 되는가? 매우 불안정한 환경에서 사는 투구새우는 적응도의 효율보다 오랫동안 절멸하지 않기 위한 전략을 선택했음을 알 수 있다. 생물은 일단 절멸하면 부활할 수 없다. 따라서 통상적인 적응도가 높더라도 절멸할 위험이 클 경우에는 절멸하지 않는 것이 매우 중요한 문제가 된다. 즉 적응도의 개념이 평소와는 달라진다. '바로 다음 세대가 얼마나 많이 늘어나는가?'라는 기존의 적응도가 아니라 '어떻게 해야 절멸하지 않는가?'라는 기준으로 진화가 일어나고 있는 것이다.

이와 같은 위기관리의 관점은 기존의 진화론에서는 경시되어 왔다. 아니, 이런 관점이 필요한 환경이 있다고는 생각하지 않았다. 그러나 투구새우와 같은 전략은 다른 생물에서도 찾아볼 수 있다. 예를 들어 건조한 지역에 사는 식물은 투구새우와 똑같은 전략을 채용하고 있다. 같은 개체가 생산한 씨앗 중에는 물에 젖는 횟수에 따라 싹을 틔우는 시기가 다른 것이 들어 있다. 역시 모든 씨앗을 한꺼번에 발아시켰다가 마침 그 해의 기후가 성장에 적합하지 않으면 돌이킬 수 없는 결과를 초래하기 때문으로 해석된다.

헤지 베트가 필요한 환경은 우리가 상상하는 것보다 많을지도 모른다. 그리고 이와 동시에 미래 진화론에는 단기간의 낮은 번식률을 감수하고라도 장기적인 존속을 우선해야 한다는 원리, 즉 적응도에 기반을 둔 기존의 진화론과는 다른 원리가 필요해질 것이다.

미래의 진화론에서 말하는
'살아남는다는 것'

적응도의 개념은 적응 진화를 이해하는 데 매우 큰 도움이 되었지만, 그 정의 때문에 한 가지 중요한 요소를 가려버렸다. 바로 시간이다.

현재의 진화론에서 사용되고 있는 적응도는 다음 세대에 남길 유전자의 복제 수(자손의 수)를 기준으로 정의되었다. 그런데 곰곰이 생각해보면 어떤 유전자를 지닌 개체의 적응도를 정의할 경우, 아무래도 일정한 시간이 흐른 뒤에야 가능하다는 것을 깨닫게 된다. 개체는 지금 이 순간에 남길 자식의 수로 결정되는 것이 아니다. 그것이 결정되는 것은 자식을 남긴 뒤다. 요컨대 시간이라는 것을 배제한 형태로는 적응도를 정의할 수 없다. 다시 말해 적응도는 언제나 미래의 값이다. 현재 사용되고 있는 적응도의 정의 속에는 시간의 개념이 포함되어 있지만, 다음 세대로 한정됨에 따라 시간과 관계가 없는 듯이 보일 뿐이다.

그렇다면 다음 세대로 한정된 적응도의 크기를 비교해서 유전 유형의 증감을 측정하는 행위는 어떤 의미를 지닐까? 다음 세대란 어떤 개체의 적응도를 정의할 수 있는 가장 가까운 미래라고 할 수 있다. 유전자가 전해지지 않으면 적응도는 생기지 않는다. 달리 표현하면 현재 사용되고 있는 적응도의 정의는 어떤 유전 유형에 대해 최대한 지금과 가까운 시점에서의 적응도를 기술한 것이다.

현재의 진화론에서는 적응도의 크고 작음에 따라 진화의 방향이 결정된다고 본다. 현재의 순간적인 증가율을 비교하고 더 큰 쪽이 장래 세대의 빈도를 늘릴 것으로 예상한다. 다시 말해 현재라는 시점으로 미분을 하는 것과 같다. 미분이라는 말에 눈앞이 캄캄해지는 사람도 있겠지만 어려운 내용은 아니다. 연속적으로 변화하는 함수의 어떤 점에서 접선의 기울기가 미분 함수이므로 말 그대로 '어떤 순간의 증가율'이다. 이 증가율의 크고 작음에 따라 미래에 어느 쪽이 집단을 차지할지 결정되는 것이므로 현재로부터 먼 미래에 걸쳐 이 증가율이 변하지 않는다는 가정이 숨어 있다. 그렇게 가정할 수 있기에 현재라는 순간의 증가율만을 비교해서 장래에 어느 쪽이 우선될지 예측할 수 있는 것이다.

그러나 현실의 생물에 과연 그런 가정이 성립할까? 앞에서 예로 든 그물등개미의 대형 일개미와 소형 일개미를 떠올리면 이해가 쉬울 것이다.

대형 일개미는 일하지 않고 많은 알을 낳는다. 소형 일개미는 일을 하지만 소량의 알밖에 낳지 못한다. 양자가 동일한 군락에 존재할 때 현재라는 순간에는 순간적인 증가율이 높은 대형 일개미의 적응도가 반드시 높다. 적응도의 원리에 따르면 그렇지만, 대형 일개미만 남게 되면 아무도 일하지 않으므로 군락은 멸망한다. 먼 미래를 생각하면 살아남는 쪽은 소형 일개미다. 만약 다음 세대의 적응도가 아닌 더 먼 미래 세대의 적응도를 측정해 비교한다면 소형 일개미가 더 높은 적응도를 가지게 되는 것이다.

진화는 먼 미래에 어떻게 될지를 문제로 삼는 데 비해 지금 주류인 적응도는 현재라는 순간만을 바라본다. 현실에서는 단기적인 적응도는 높지만 존속성이 낮아 오래 지속되지 못하는 유형과 단기적인 적응도는 낮지만 장기 존속이 가능한 유형이 경쟁하는 경우도 충분히 생각할 수 있다. 이때 현재에는 전자의 적응도가, 먼 미래에는 후자의 적응도가 높을 것이다.

그렇다면 대체 어떤 일이 일어날까? 앞에서도 소개한 투구새우의 예가 참고가 된다. 모든 알을 이듬해에 일제히 부화시키는 단기 적응도가 높은 종류는 몇 년 동안 적합한 환경이 계속되면 급속히 개체수를 늘릴 것이다. 그러나 실제로는 항상 좋은 환경이 지속된다는 보장이 없기 때문에 그렇게 행동하는 투구새우는 없다. 요컨대 다음 세대의 적응도만을 고려한다면 투구새우의 번식 전략을 설명할 수 없다. 다음 세대의 적응도는 일제히 부화시키는 유형이 반드시 높지만, 실제로는 장기적인 적응도가 높은 유형이 승리하는 것이다.

그렇다면 왜 한꺼번에 부화시키는 유형은 승리할 수 없을까? 환경이 매우 불안정하기 때문이다. 이 말은 현재의 순간 적응도에 기반을 둔 진화 모델이 상정하지 않은 환경의 제약, 예를 들면 환경 변화 등을 고려하지 않고서는 실제로 일어나고 있는 진화를 설명할 수 없다는 뜻이다.

일정한 환경에서 경쟁하면 반드시 승리할 수 있는 유형이 왜 실제로는 패배하는 것일까? 그것은 진화가 생물의 형질과 환경의 상호작용의 결과로 증감하는 구조이기 때문이다. 순간 적응도의 비교라는 현재 표준적인 진화 해석 방법은 진화론의 발전에 크게 공헌했다. 그러나 현재의 진화가 그 모델의 예측과 다르다면 그것을 다룰 수 있도록 더 포괄적인 모델이 필요하다. 다만 미래의 모델이 어떤 것일지는 현재로서는 알 수 없다. 그것을 생각해나가는 것이 나를 포함한 미래의 진화학자들에게 요구되는 임무다.

현재의 진화 개념이 미분적이라는 이야기를 했는데, 장기적인 환경 변화 등이 가져오는 위험을 포함한 진화 모델은 아마도 확률 함수를 갖는 적분적인 것이 되지 않을까 생각한다. 물론 적응도를 좀 더 정확하게 나타내는 새로운 모델도 필요할 것이다. 그런 기존의 틀을 뛰어넘은 생각이 미래의 진화론을 만들어나갈 것이다.

지금 얻는 이익과
내일 얻는 이익은 다르다

생물에게 현재의 가치와
미래의 가치는 같지 않다.

시간 이야기가 나온 김에 시간에 얽힌 생물 이야기를 한 가지 더 소개하겠다.

지금 어떤 사람이 여러분에게 돈을 주겠다고 제안했다. 그 사람이 내건 조건은 지금 돈을 받는다면 10,000원을 주지만 내일 받겠다면 10,100원을 주겠다는 것이다. 여러분은 오늘 돈을 받겠는가, 아니면 내일 받겠는가? 아마도 대부분의 사람이 오늘 10,000원을 받는 쪽을 선택할 것이다.

그러면 오늘 받겠다고 대답한 사람에게 이런 질문을 한다. 만약 내일까지 기다릴 경우 12,000원을 받을 수 있다면 어떻게 하겠는가? 내일까지 기다리겠다는 사람도 생기지 않을까? 이와 같이 인간은 금방 얻을 수 있는 낮은 가치와 좀 더 기다려야 받을 수 있는 높은 가치를 동등하다고 생각하는 경향이 있다. 즉 미래의 가치나 이익을 할인해서 생각하는 것이다. 이것을 '시간 할인'이라고 부른다.

이 이야기는 원래 경제학의 분야에서 나온 것이다. 경제학에서는 인간이 합리적인 의사결정을 한다고 전제하고 인간의 경제 행동을 분석하려고 시도했는데, 그 결과 인간이 반드시 합리적인 의사결정을 하는 것은 아니라는 사실이 증명되었다. 그 예가 시간이 가치를 할인하는 시간 할인이라는 것이다. 어떤 것(예를 들어 돈)의 가치는 시간의 흐름 속에서 어떻게 할인되어갈까? 인간을 대상으로 여러 가지 실험을 해보니 먼 미래일수록 할인율이 커지는 것은 물론이고, 같은 시간을 기다릴 때의 할인율이 시간의 경과와 함께 달라짐을 알게 되었다.

가령 오늘 1,000원을 받을 경우와 내일 1,010원을 받을 경우라면 오늘 1,000원을 받는 쪽을 선택하지만, 30일 뒤에 1,000원을 받을지 31일 뒤에 10,100원을 받을지 결정하라고 하면 하루를 더 기다리겠다는 사람이 나오는 것이다. 기다려야 하는 시간이 똑같은 하루라 해도 할인율은 달라진다. 즉 '얼마나 가치가 오르면 기다릴 것인가?'라는 분기점이 시간과 함께 변화한다는

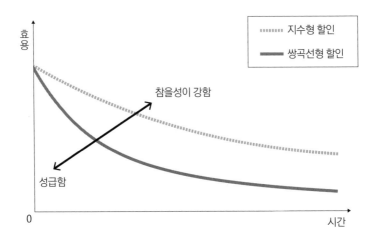

말이다. 일반적으로 보상을 받을 수 있는 시기가 가까운 미래라면 할인율이 크고(할증이 크지 않으면 기다리지 않는다), 먼 미래일수록 할인율은 작아진다(약간의 할증에도 기다린다)는 것이 밝혀졌다.

또한 시간 할인율(미래가치를 현재가치로 환산해주는 교환비율, 즉 이자율과 반대방향의 개념 - 옮긴이)이 어떻게 낮아지느냐는 시간과 비례하는(지수형 할인) 것이 아니라 최초 시간과 함께 급격히 하락하다가 어느 정도 시간이 지나면 하락폭이 완만해지며 쌍곡선을 그리는 것으로 밝혀졌다(쌍곡선형 할인).

이 쌍곡선의 특성이 강하면 합리적인 판단을 할 수 없게 된다. 예를 들어 저금을 하는 경우를 생각해보자. 저금은 오늘 돈을 사용하기를 포기하고 미래에 돈을 사용하겠다는 결단이다. 그런데 예정대로 저금을 할 수 있다면 좋겠지만, 많은 사람의 시간 할인은 '쌍곡선'이다. 가까운 미래의 할인율은 크므로 적은 이자만을 받을 수 있는 저축을 뒤로 미루는 경향이 있다. 그래도 먼 미래에는 소비를 미루고 저금을 할 수 있으리라고 믿지만, 실제로 그날이 찾아오면 역시 큰 이익이 없는 저축을 포기하고 돈을 사용해버린다.

또 한 가지 예가 다이어트다. '다이어트를 해서 건강하게 살자'라는 계획을 세워도 가까운 미래의 할인율이 크기 때문에 지금은 케이크를 먹고 만다. 내일부터 시작하면 된다고 생각하지만, 내일이 되면 역시 오늘을 우선해 또다시 케이크를 먹고 마는 것이다.

이와 같이 시간 할인율이 쌍곡선을 그리는 사례는 장래에 할 수 있다고 생각했던 계획을 막상 그날이 다가오면 하지 못하는 결과를 낳기 쉽다. 이것은 저금이나 다이어트 등 '합리적으로는 유익한 계획을 세워도 그것을 실행하지 못하는' 불이익으로 연결된다. 독자 여러분도 경험한 적이 있지 않은가?

그런데 이와 같은 시간 할인의 비합리성을 다른 동물에게서도 찾아볼 수 있을까? 원숭이, 쥐, 비둘기 등을 대상으로 기다리지 않으면 약간의 먹이를 얻지만 기다리면 많은 먹이를 얻을 수 있는 장치를 사용해 학습을 시키고 시간 할인을 조사하는 연구가 실시되었다. 그 결과 이들 동물이 모두 시간 할인의 개념을 갖고 있으며 이들 역시 할인율과 대기 시간의 관계는 쌍곡선이라는 것이 밝혀졌다.

그러나 이런 연구는 주로 심리학의 관점에서 실시되고 있으며, 인간을 비롯해 몇몇 동물에게서 관찰되는 비합리성은 '고도의 뇌를 가진 척추동물이 일으키는 왜곡된 심리작용에서 비롯된 것이 아닐까?'라고 해석되고 있다. 요컨대 시간 할인이라는 언뜻 불합리한 행동은 고도의 뇌를 가진 동물에게서만 볼 수 있는 오류라는 말이다.

그렇다면 고도의 뇌를 가지지 않은 곤충에게서는 시간 할인이 발견되지 않았을까? 만약 있다면 시간 할인이라는 현상은 왜곡된 심리작용이 아니라 어떤 적응적인 의미의 진화 현상일 가능성도 있다. 내가 지금 있는 연구실에서는 귀뚜라미를 이용해 시간 할인 연구를 실시하고 있다. 귀뚜라미도 학습을 시킬 수는 있지만, 학습을 시키면 시간 할인은 학습의 부산물이라는 가정을 부정할 수 없게 되므로 그들이 선천적으로 가치를 판단하는 형질을 이용해 시간 할인을 연구하고 있다.

바로 수컷의 울음소리다. 귀뚜라미의 암컷은 수컷의 가치를 울음소리로 판단한다. 암컷은 수컷이 "또르르르" 하고 울 때 1초 동안 수많은 '르'의 펄스가 있는(박자가 빠른) 수컷을 좋아하는 것이다. 그래서 좁은 통로를 만들고 암컷을 한가운데 놓은 다음 양쪽에서 박자가 다른 수컷의 울음소리를 들려주는 실험을 실시했다. 양쪽의 거리가 같으면 암컷은 확실히 박자가 빠른 울음소리를 선택한다. 그러나 암컷을 놓는 위치를 바꿈으로써 두 수컷까지의 거리에 변화를 주면(암컷을 울음소리의 질이 떨어지는 수컷 쪽에 가깝게 놓는다) 암컷은 멀리서 질 좋은 울음소리가 들려도 가까운 곳에 있는 수컷을 선택한다. 요컨대 당장 손에 넣을 수 있는 질이 낮은 수컷과, 만나는 데 시간이 걸리는 질이 높은 수컷 사이에서 가치의 할인이 관찰되는 것이다. 이 가치의 할인율이 쌍곡선을 그리는지는 현재 확인 중이지만, 어쨌든 학습하지 않은 무척추동물에게도 시간 할인에 해당하는 현상이 있음을 확인할 수 있었다.

이것은 할인이라는 현상이 학습의 부산물이 아니라 적어도 귀뚜라미에게는 선천적으로 획득한 형질임을 보여준다. 그렇다면 생물은 왜 언뜻 비합리적인 쌍곡선의 시간 할인 패턴을 보이는 것일까?

지금까지는 보상을 받는 시간이 다르다고 해서 같은 대기 시간에 대해 할인율이 달라지는 것은 비합리적으로 생각되어왔다. 그러나 모든 생물은 항상 죽음의 위험에 노출되어 있기 때문에 다음 순간에도 살아 있을 확률이 1이 되지 않는다. 그렇다면 미래의 가치가 현재의 가치보다 할인되더라도 이상하지 않다. 기다리는 동안에 죽어버리면 본전도 건지지 못하므로 죽을 확률이 높은 상황에서는 기다리지 않고(할인율이 크다), 죽을 확률이 낮은 상황에서는 기다린다(할인율이 작다)는 방식이 진화할 것이다. 그리고 일반적으로 생물은 어렸을 때는 죽을 위험성이 높으며 충분히 성장한 개체는 죽을 위험성이 낮아진다.

따라서 어린 개체의 경우 가까운 미래의 할인율은 커지고 먼 미래의 할인율은 작아질 것이다. 어렸을 때는 죽기 쉬우므로 미래보다 지금 당장의 이익이 중요하지만, 먼 미래까지 살아 있을 수 있다면 그 후로도 살아 있을 확률이 높으므로 기다리는 쪽이 이익일 가능성이 높기 때문이다.

이렇게 생각하면 시간 할인처럼 언뜻 유리하지 않아 보이는 형질도 사실은 합리적인 것인지 모른다. 물론 귀뚜라미의 시간 할인이 쌍곡선인지, 혹은 연령에 따른 사망률의 변화에서 기인한 것인지는 아직 알 수 없다. 또 다음 순간 살아 있을 확률에 따라 할인율이 달라진다면 할인의 규모가 연령이나 자신의 생존율과 함께 변화하더라도 이상하지 않다. 실제로 귀뚜라미는 젊을 때는 까다롭게 수컷의 울음소리를 고르지만 나이를 먹어 남은 수명이 줄어들면 수컷을 까다롭게 고르지 않게 된다. 현재 그런 관점에서 귀뚜라미나 작은 물고기를 대상으로 연구가 진행되고 있다.

생물에게 현재의 가치와 미래의 가치는 같지 않다. 이와 같은 시간의 효과는 기존의 진화론에서는 거의 논의된 적이 없었다. 그러나 모든 생물은 시간의 흐름 속에서 살아간다. 시간이라는 관점은 미래의 진화론을 생각할 때 무시할 수 없는 요인이다.

성(性)이 있는 것은
진화에 유리할까

이 세상에 유성생식 생물이
넘쳐난다는 것은 성에 진화적인
이점이 있음을 암시한다.

인간에게는 남성과 여성이 있다. 성서에 따르면 신이 남성(아담)의 뼈로 여성(하와)을 만들어 낙원인 에덴동산에서 살게 했다. 그런데 뱀의 유혹에 넘어간 하와가 신이 금한 지혜의 열매인 선악과를 먹었고, 또한 아담에게도 먹게 했다. 그러자 인간이 생명의 열매를 먹고 영원한 생명을 손에 넣어 자신과 동등한 존재가 될 것을 두려워한 신이 인간을 낙원에서 추방했다고 한다.

이와 같이 성(性)은 인간에게 근원적인 것이다. 만약 성이 없다면 연애의 갈등 같은 이 세상의 고민거리도 존재하지 않을 것이다.

생물학적으로 보면 성은 남성과 여성, 수컷과 암컷의 구별을 의미하거나 '자손을 얻기 위해 다른 개체의 유전자의 일부를 받아들여 섞는 행위'로 정의된다. 생물의 대부분은 어떤 형태로든 성을 가지고 있는데, 생물은 원래 박테리아처럼 분열해서 증식하는 존재였을 터이므로 성은 무성(無性) 상태에서 2차적으로 진화한 것으로 볼 수 있다. 그런 성을 이렇게 많은 생물이 가지고 있다는 것은 무성생식 생물에게 없는 어떤 이점이 있기 때문이라고 생각할 수 있다.

그런데 성이 있으면 적응도의 측면에서 커다란 결점이 생긴다. 예를 들어 자식을 낳는 것은 암컷이다. 그러므로 자신의 아이가 전부 암컷이라면 다음 세대에 가장 많은 자손을 남기게 된다. 그러나 유성생식 생물은 반드시 수컷 자식을 낳아야 한다. 자식의 절반이 수컷이 되면 자손 세대에 태어나는 자식의 수도 절반이 되어버린다. 반면, 무성생식으로 번식하면 모든 자식이 자식을 낳으므로 그런 문제가 발생하지 않는다. 요컨대 성을 가지면 그 자체만으로 적응도가 순식간에 반토막이 되는 것이다. 이것을 '성의 두 배 비용'이라고 부른다.

무성생식을 하는 집단 속에 유성 변이체가 나타나더라도 그 이익이 두 배보다 크지 않으면 진화할 수 없다고 생각할 수 있다. 유성생식과 무성생식 두 가지 유형이 있는 몇몇 생물을 대상으로 성을 가지는 것의 이점을 조사했는데, 그 결과 성을 가지는 것은 어느 정도 이익이 있지만 그 양이 두 배를 웃돌지는 않았다. 따라서 왜 성이 진화했는지는 아직까지 수수께끼로 남아 있다. 그러나 현실적으로 이 세상에 유성생식 생물이 넘쳐난다는 것은 성에 진화적인 이점이 있음을 암시한다.

그렇다면 성의 이점은 무엇일까? 즉 성을 만들어내는 유전자의 이점은 무엇일까? 여기에는 몇 가지 가설이 있는데, 먼저 '환경은 변하므로 자손에게 유전적 다양성을 부여하는 것이 다양한 환경에서 살아남을 수 있어 유리하다'라는 가설에 대해 생각해보자.

성이란 자신의 자식을 만들 때 다른 개체의 유전자를 섞는 행위다. 점 돌연변이율은 염기당 1000만 분의 1 정도로 생각되고 있으므로 성은 점 돌연변이만으로 만들어지는 유전적인 다양성보다 훨씬 큰 유전적 다양성을 자식에게 물려줄 수 있다. 환경이 변하더라도 자식들의 유전적 다양성이 크면 어떤 자식은 살아남을 수 있으므로 자손이 절멸하지 않는 것이다.

성의 진화를 설명할 때, 환경의 변화에는 물리적 환경 변화뿐만 아니라 숙주에 치명적인 타격을 주는 병원균 같은 생물적 환경 변화까지 고려된다. 병원균의 대부분은 숙주가 어떤 유전적인 특성을 지니고 있을 때만 감염되므로 이 경우도 자식이 유전적으로 다양하면 모든 자식이 병에 감염되어 전멸하는 일은 없다. 물리적 환경이 변할 경우와 생물적 환경이 변할 경우는 이론상 다른 가설로 다뤄지지만 근본적인 논리는 같으며, 자식이 유전적으로 다양하면 모든 자식이 사망할 확률이 낮아지는 것만은 분명하다.

이 개념을 어디선가 본 기억이 나지 않는가? 그렇다. 투구새우의 예와 유사하다. 이것은 단기적인 증식률을 높이기보다 장기적인 존속성을 확보하는 편이 유리하다는 개념이다. 그렇다면 성이 있으면 성의 두 배 비용을 웃돌 만큼 자손의 절멸률이 낮아질까? 안타깝지만 이에 대해 신뢰할 만한 데이터는 없다.

현재의 적응도는 다음 세대에 전해지는 유전자의 양으로 정의되는데, 다음 세대 자식의 생존율을 비교해도 그렇게 큰 차이는 검출할 수 없을 것이다. 그러나 각 세대의 절멸률에 큰 차이가 없어도 변화가 일어났을 때 자손의 절멸률에 큰 차이가 있다면 어느 정도 긴 시간을 통해서 본 절멸 위험은 무성일 경우가 두 배 이상 클지도 모른다.

안타깝게도 현재 이런 장기적인 적응도의 차이를 정량적으로 검토할 방법은 고안되지 않았고, 실제 생물을 장기적으로 추적하기는 거의 불가능하다.

효모의 유성 계통과 무성 계통을 이용해 실험적으로 환경을 변화시킨 실험에서는 유성 계통이 유리해진다는 결과가 나왔지만, 수많은 야외 생물을 대상으로 이런 실험을 하기는 어려울 것이다. 즉 실험에서는 환경이 변할 경우 성의 존재가 그 비용을 메울 만큼 이익을 가져온다는 것이 증명되었지만, 대부분의 야외 생물을 대상으로 장기적인 환경 변화와 성의 의의를 조사하기는 거의 불가능하다. 따라서 야외 생물이 가진 성의 의의는 충분히 검증되었다고 할 수 없다.

그러나 적어도 머릿속에서 생각으로 진행하는 사고실험에서는 성을 가지고 있는 것의 유리함이 성립하므로 미래의 진화학에서는 이와 같이 현재에는 제대로 다룰 수 없는 이론의 검증이 필요할 것이다. 역시 '어떻게 절멸하지 않을 것인가?'라는 질문은 지금까지 생각했던 것보다 진화 현상을 이해하는 데 훨씬 중요한 관점인지도 모른다.

그리고 성의 문제에서 고려해야 할 점이 또 한 가지 있다. 현재 성의 비용은 두 배로 생각되고 있는데, 이것은 수컷과 암컷을 각각 절반씩 만들어야 하는 데서 비롯되었다. 수컷과 암컷에게 같은 양의 자원을 투자했을 때 '자원당 돌아오는 적응도가 같아지므로 자식 중에 수컷과 암컷의 비율이 1:1이 되도록 진화가 일어난다'라는 조건에서 암컷과 수컷이 같은 수가 만들어질 것으로 전제했기 때문이다. 그러나 상황에 따라서는 암컷을 더 많이 만드는 편이 유리할 수 있으며, 그럴 경우는 자식의 성비가 암컷 쪽에 치우치므로 성의 비용은 2배보다 적어진다.

우리 연구실에서는 이러한 관점에서 파총채벌레라는 유성형과 무성형이 같은 장소에서 경쟁하고 있는 곤충을 이용해 연구를 진행하고 있다. 현재 집단 전체에서 무성형의 비율이 낮은 장소일수록 유성형의 성비가 암컷으로 치우침을 발견했다. 또 무성형과의 경쟁이 치열한 장소에서도 유성형의 성비가 암컷 쪽에 치우치는데, 이는 성의 비용을 낮춰서 무성형에 대항하고 있음을 암시한다. 성비가 암컷 쪽으로 치우치면 성의 비용은 두 배에서 조금 줄어든다. 따라서 성은 그 이점이 기존에 생각했던 것보다 훨씬 적더라도 진화할 수 있을지도 모른다.

모순으로 가득한, 현대 진화학에 남겨진 성이라는 최대의 수수께끼도 이런 비용 절감과 장기적 적응도의 최대화라는 관점에서 해명되지 않을까?

일하지 않는 개미의 존재 의의

우리가 주목할 것은
'개미도 지친다'는 사실이다.

단기적인 효율성과 장기적인 안정성 사이에서 줄다리기가 벌어져 장기적인 안정성이 진화에 영향을 미치고 있는 것으로 보이는 사례를 하나 더 살펴보자. 바로 개미 군락이다.

개미는 근면하다는 이미지가 있다. 더운 여름이면 땅에 떨어진 곤충 사체에 수많은 개미가 몰려들어 둥지로 운반하는 모습을 관찰할 수 있다. 이솝은 이런 모습을 보고 더운 여름에도 쉬지 않고 음식을 장만하는 개미와 일은 안하고 노래만 부르며 노는 베짱이를 소재로 재밌는 우화를 지어 일하지 않은 자는 먹지도 말라는 교훈을 남겼다.

그런데 사실 개미의 대부분은 개미둥지 안에서 살고 있으며 지상에 모습을 나타내는 개미는 먹이를 모으기 위해 둥지를 나온 것이다. 그러므로 이들이 항상 일하는 것처럼 보이는 것은 어떤 의미에서 당연하다.

그렇다면 개미둥지 속의 개미는 어떨까? 안을 관찰할 수 있는 인공 개미집을 만들어서 살펴보면 의외의 사실을 알 수 있다. 전체 개미의 30% 정도만 일할 뿐 나머지 70%는 멍하니 서성대거나 자신의 몸을 청소하고 있는 모습이 관찰된다. 새끼를 돌보거나 둥지의 다른 개체에게 이익이 되는 노동은 하지 않는다. 어떤 순간에만 일하지 않는 것이라면, 즉 일시적인 휴식이라면 잠시 후 일을 해야 하지만 한 달 혹은 더 오랫동안 개미집을 관찰해도 개미의 10~20%는 노동으로 보이는 행동을 거의 하지 않는다.

개미 군락의 생산성을 생각하면 모두 일하는 편이 생산력이 더 높을 것이라는 것은 말할 필요도 없다. 그렇다면 엄연히 자연선택이라는 시스템이 존재하는데 어떻게 항상 일하지 않는 비효율적인 개미가 있는 것일까?

먼저 계속 일하지 않는 개미가 어떻게 나타나는지 생각해보자. 일개미의 각 개체는 일을 하도록 이끌어내는 자극이 일정 수치 이상 되면 거기에 반응해서 일을 시작하는 것으로 알려져 있다. 이때 일을 시작하는 한계 자극치를 '반응 역치'라고 부른다. 그리고 특정한 일에 대해 개체 간 반응 역치에 차이가 있음도 밝혀졌다. 요컨대 작은 자극으로도 일을 시작하는 개체와 자극이 커야 일을 시작하는 개체가 있는 것이다. 이와 같은 시스템이라면 끊임없이 일하는 개체부터 거의 일하지 않는 개체까지 자동으로 나타난다.

어째서일까? 쉬운 예로 사람들 중에도 깨끗한 것을 좋아하는 사람과 그렇지 않은 사람이 있는 경우를 들어 설명할 수 있다. 깨끗한 것을 좋아하는 정도가 서로 다른 다양한 사람들이 모여 방에서 무엇인가를 하고 있다고 생각해보자. 시간이 지나면 방이 점점 지저분해진다. 이때 누군가가 청소를 시작할 것이다. 그는 바로 깨끗한 것을 좋아하는 사람이다. 깨끗한 것을 좋아하는 사람은 방이 어질러지는 것을 참지 못하므로 조금이라도 지저분해지면 청소를 시작한다.

이제 방이 깨끗해졌다. 그리고 다시 모두가 무엇인가를 하다 보면 방은 또다시 지저분해진다. 누가 청소를 할까? 그렇다, 또다시 깨끗한 것을 좋아하는 사람이 청소하게 된다. 이유는 지저분한 것을 견디지 못하기 때문이다. 결국 깨끗한 것을 좋아하는 사람은 계속 청소를 하지만 방이 지저분해도 신경 쓰지 않는 사람은 전혀 청소를 하지 않는다.

이때 중요한 점은 만약 깨끗한 것을 좋아하는 사람이 지쳐서 청소를 하지 못하게 되어 방이 더욱 지저분해지면 깨끗한 것을 좋아하지 않는 사람이 청소를 시작한다는 것이다. 그런 사람도 방의 지저분한 정도가 어느 수준을 넘어서면 참지 못하기 때문이다.

개미에게도 이와 유사한 현상이 일어나고 있다고 생각할 수 있다. 일하지 않는 개미는 게으름을 피우는 것이 아니라 어느 정도 이상으로 자극이 커지면 제대로 일하지만, 열심히 일하는 개체가 있기 때문에 자극이 커지지 않아 일을 하지 않을 뿐이다. 어쨌든 전체적으로 보면 항상 일하는 개체부터 거의 일하지 않는 개체까지 다양한 개미가 있게 된다.

이와 같은 반응 역치의 개체 간 변이로 인해 일하지 않는 개체가 반드시 나타남을 이해할 수 있을 것이다. 여기서 문제는 단기적인 생산성이 큰 편이 적응도의 측면에서는 유리함에도 '개미는 왜 반드시 일하지 않는 개체가 출현하는 체제를 군락의 노동제어 시스템으로 채용하고 있을까?'라는 것이다.

그러면 이 문제에 관해 생각해보자. 우리가 주목할 것은 '개미도 지친다'는 사실이다. 이솝 우화 탓인지는 알 수 없지만, 지금까지 개미가 지친다고 생각한 사람은 없었다. 그러나 모든 동물은 근육으로 움직이며, 생리적으로 근육은 반드시 지치게 되어 있다. 지치면 일정 시간을 쉬어야 일을 계속할 수 있다. 이것은 개미도 마찬가지다.

그러면 모든 개체가 일제히 일하는, 단기적 생산성이 높은 군락을 생각해보자. 이와 같은 군락은 시간당 작업 처리량이 높겠지만 그 대신 모든 개체가 일제히 지쳐서 아무도 일하지 못하게 되는 시간이 생길 것이다. 설령 군락에 반드시 처리해야 하는 일이 있어도 그 순간에는 아무도 그 역할을 담당하지 못하게 된다. 그 일을 하지 못해 군락이 커다란 타격을 받는다면 그 일을 처리할 수 있는 누군가가 항상 대기하고 있어야 한다. 어쩌면 일하지 않는 일개미는 아무도 일할 수 없게 될 순간의 위험을 피하기 위해 준비된 존재인지도 모른다.

그렇다면 과연 그런 일이 실제로 있을까? 있다고 생각한다.

개미와 흰개미는 알을 한곳에 모아놓고 항상 수많은 일개미가 그 알을 핥는다. 흰개미를 이용한 실험에서는 알에서 일개미를 떼어놓자 아주 잠시 동안 방치되었을 뿐인데도 알에 곰팡이가 피어 전멸하는 것으로 밝혀졌다. 흰개미와 일개미의 타액에는 항생 물질이 들어 있어서 그 타액을 알에 발라 곰팡이가 피는 것을 막았던 것이다.

개미도 마찬가지다. 알이 전멸하면 군락이 커다란 타격을 받으므로 알을 핥는 것은 군락의 누군가가 반드시 계속해야 하는 일이다. 평소에 일하지 않는 개미는 일의 자극이 커져야 일을 시작하므로 다른 개체가 지쳐서 쉬어야 할 때 대신 일을 할 수 있다. 이렇게 군락 내의 중요한 일을 누군가가 끊임없이 계속할 수 있도록 하는 것, 이것이 항상 일하지 않는 개미가 준비되어야 하는 이유로 생각된다.

이와 같은 상황을 가정한 시뮬레이션을 보면 피곤할 경우에만 반응 역치의 변이를 갖는 군락은 그렇지 않은 군락보다 오랫동안 존속됨이 밝혀졌다. 또한 실제 개미의 군락에서도 평소에 일하는 개미가 쉬고 있을 때는 평소에 일하지 않는 개미의 업무량이 늘어나는 업무 교대가 일어난다는 사실도 밝혀졌다. 역시 단기적 생산성이 적은 반응 역치의 변이 시스템은 장기적 존속성을 담보하기 위해 진화한 것으로 생각할 수 있을 듯하다.

이 이야기는 언젠가 닥칠지도 모르는 위험을 피하기 위해 형질이 진화한다는 점에서 투구새우의 번식 전략과 비슷하다. 그러나 둘 사이에는 중요한 차이점이 있다. 투구새우의 경우 변하는 것은 환경이며 환경이 악화될 경우 발생할 위험에 대한 적응인 데 비해, 일하지 않는 개미의 경우는 외부 환경이 아니라 자신들의 집단 내부에서 발생하는 위험에 대한 적응이라는 점이다. 이 위험은 아무리 안정적인 환경에서 살더라도 발생할 수 있다. 모든 동물은 지친다는 생리적인 제약으로부터 벗어날 수는 없기 때문이다.

역시 위험 회피에 대한 적응이라는 현상은 우리가 생각하는 것보다 훨씬 일반적인 현상인지도 모른다. 미래의 진화생물학에서는 지금까지의 적응도 개념으로는 제대로 설명할 수 없는 현상도 이와 같은 위험 회피와 장기적 존속이라는 관점에서 설명할 수 있게 될 것이다.

진화에 방향성은 없다

"그저 그 환경에 맞는 것이
살아남음으로써 진화가 일어난다"

지금까지 진화론의 과거와 현재를 살펴보고 미래를 전망해봤다. 이렇게 진화론의 역사를 되돌아보면 진화론 또한 진화해왔음을 알 수 있다.

진화론은 과거부터 현재까지 끊임없이 모습을 바꿔왔다. 다윈의 자연 선택설이 등장한 이후로 이것을 기반으로 논의가 전개되었다고는 하지만, 시대가 변하고 새로운 지식이 추가됨에 따라 그 지식들을 포괄하는 형태로 새로운 관점이 추가되곤 했다.

이 책은 전문가가 아니라 일반 독자를 대상으로 쓴 것이다. 일반 독자들은 '진화'라는 말에 대해 어떤 이미지를 떠올릴까? 사람이 "저 친구도 진화했구나"라고 말할 때, 그 사람은 무의식중에 어떤 이미지를 떠올린다. 그것은 '진화란 원래보다 진보한 상태'라는 이미지다. 기술이나 능력이 전보다 떨어졌을 때 진화라는 말을 사용하는 사람은 없을 것이다. 그러므로 우리는 진화라고 하면 항상 뛰어난 능력이나 완성된 모습을 향해 다가간다는 이미지를 떠올리는 것이다.

다윈이 자연 선택에 바탕을 둔 진화론을 발표한 시기는 지금으로부터 약 200년 전에 불과하다. 그때까지 진화라는 개념이 일반화되지 않았던 세계에서 다위니즘은 순식간에 확산되어 수많은 사람에게 받아들여졌다. 그 이유는 무엇일까? 그것은 틀림없이 자연 선택이라는 개념이 더 나은 것으로 변화한다는 이미지를 연상시켰기 때문이다. 여기까지 읽은 독자 중에도 그렇게 이해한 사람이 있을지 모르겠다.

그러나 다윈이 생각한 자연 선택설의 본질적이고 중요한 관점은 그것만이 아니다. 분명히 환경이 어떤 상태일 때 자연은 그 환경에 더욱 적합한 것을 골라내도록 작용한다. 이 원리에 따라 적응이 발생하는 것이다. 그러나 그것만으로는 다윈이 말한 것의 의미를 절반밖에 이해하지 못한 셈이다.

다윈 이전의 (예를 들어 라마르크의) 진화론과 다윈의 진화론의 커다란 차이점은 무엇일까? 그것은 바로 라마르크와 다윈 이전의 진화론자들의 경우 생물은 이상적인 모습을 향해 단순한 모습에서 복잡한 모습으로 완성되도록(존재의 계제라고 부른다) 진화한다고 생각한 반면, 다윈은 처음으로 "진화에 방향성은 없다. 그저 그 환경에 맞는 것이 살아남음으로써 진화가 일어난다"라고 주장한 점이다.

다윈이 주장한 말의 의미는 '퇴화'라고 부르는 진화 현상을 생각하면 이해할 수 있다. 퇴화란 동굴에서 사는 생물의 눈이 없어지거나 천적이 사라진 섬에서는 새가 날지 못하게 되는 등의 현상을 가리킨다. 퇴화는 일단 획득했던 복잡한 형질이 사라진 것을 말한다. 그래서 가치가 줄어드는 것 같은 퇴화라는 명칭으로 불리는 것이다.

그러나 본문에서 설명했듯이 그 환경에 필요하지 않은 형질을 유지하려면 비용이 들어간다. 그러므로 그 형질을 만들지 않는 다른 유전적 유형의 증식률이 높아지며 그렇게 변하는 것이 그 생물에게는 더 유리해지는 것이다.

따라서 다윈의 자연 선택설에서 진화와 퇴화는 아무런 차이가 없다. 퇴화라는 말 자체가 인간의 가치관에 따른 것으로 과학적으로는 부적절한 명칭인 셈이다. 한마디로, 모든 적응은 자연 선택에 따라 환경에 적응한 형태로 발생하며, 원래 정해진 방향성을 따라 진화하는 것은 아니다.

무슨 차이인지 잘 이해가 되지 않는가? 다시 한 번 살펴보자.

다윈의 진화론에서 형질이 어떻게 진화해나갈지를 결정하는 것은 당시의 환경이다. 환경은 시간과 장소에 따라 변하므로 진화에는 본질적인 방향성이 없다. 라마르크의 진화론이 주장하는 것이나 현재도 많은 사람이 막연히 믿고 있는 것처럼 어떤 완성된 형태를 향해 변화하는 것이 아니라는 뜻이다.

다윈의 자연 선택설에서 환경에 맞춰 생물이 적응한다는 관점은 널리 받아들여졌지만, 진화에는 정해진 방향성이 없다는 관점은 거의 이해받지 못했다. 왜일까? 정해진 방향을 향해 진화한다는 말은 완성된 형태를 향해 나아간다는 의미인데 만약 그렇다면 완성된 형태라는 어떤 이상(理想)이 그곳에 있기 때문이다. 그 이상이 무엇인가? 물론 '신'이다.

과학은 원래 위대한 자연을 통해 신의 전지전능함을 증명함으로써 신을 찬양하기 위한 사상에서 시작되었다. 다윈 시대의 과학자도 자신은 의식하지 못했을지 모르지만 그런 사상적 배경을 은연중에 가지고 있었을 것이다. 하물며 일반인은 말할 것도 없다. 자연 선택설의 사상은 그런 무의식적인 진화의 목적성을 잘 설명한다. 그렇기 때문에 다윈의 진화론은 열풍을 일으켰고 널리 받아들여졌던 것이리라.

또 사람들은 은연중에 신 혹은 초자연적인 목적이라는 생각을 받아들였기 때문에 적응을 발생시키는 통일 원리인 자연 선택이 생물의 다양성을 설명하는 유일한 원리로 환영받았을 것이다. 세계의 이면에는 그것을 실현하는 단 하나의 원리가 있다. 유일신을 모시는 기독교 문화권에서는 그런 아름다운 세계는 하나의 이상으로서 찬란한 빛을 발했을 것이다.

그러나 그것은 적응 만능론이나 현재의 적응도를 다음 세대의 유전자 복제의 수로 규정한다는 경직된 정의로 이어졌다. 요컨대 많은 것을 설명할 수 있는 단 하나의 원리로 설명되는 세계는 일신교적인 기준에서는 참으로 아름다운 세상이다.

그러나 다윈의 진화론이 지닌 과학적인 위대함은 오히려 일체 신이라는 존재의 개입 없이 생물의 다양성이나 적응을 설명할 수 있었다는 진화의 무목적성에 있다. 다윈의 진화론이 등장한 뒤에야 비로소 세상에는 완전한 형태가 있다는 전제 없이(즉 신 없이) 생물의 진화를 이해할 수 있게 되었다. 그 점이야말로 다윈의 진화론이 그 후의 진화학의 기반이 된 근거인 것이다.

진화라는 현상은 단 하나의 원리로 환원할 수 없다. 적어도 논리적으로는 유전자 빈도의 세대 간 변동을 불러오는 원리로 자연 선택과 유전적 부동 두 가지가 있다. 적응주의자는 "형질의 진화에는 자연 선택만이 작용한다"라고 강조하지만 이것은 원리적인 이야기이며, 논리적으로는 유전적 부동에 따른 매 세대의 유전자 빈도 변화(즉 진화)를 배제하기가 불가능하다.

또 '다음 세대에 대한 유전자 복제 수'라는 현재 적응도의 정의를 기반으로 한 진화 해석은 여러 가지 매우 우수한 결과를 낳았지만, 그것만으로는 생물의 다양성을 설명할 수 없다는 것도 이미 살펴봤다.

현실 자체가 다원적인 척도에 바탕을 두고 일어나고 있다면 자연 역시 그러한 몸습이라는 것을 전제하에 생물의 다양성을 설명해나가는 자세가 요구될 것이다. 그때 필요한 것은 일신교적인 아름다움을 추구하는 태도가 아니라 복잡하고 잘 이해되지는 않지만 그런 세계를 그 상태로 이해해나가는 다신교적인 태도가 아닐까? 세상이 그런 곳이라면 생물의 진화도 그런 여러 가지 원리가 얽힌 복잡한 것으로 이해하는 수밖에 없을 것이다. 아름답지 않더라도 다원적인 해석을 취함으로써 지금까지 설명하지 못했던 다양한 현상에 설득력 있는 설명이 가능해진다면 그 편이 훨씬 가치 있다고 생각한다.

중립설을 생각해낸 기무라 모토오 박사가 처음에 적응론자들로부터 불합리하다는 공격을 받았듯이, 새로운 생각은 좀처럼 받아들여지지 않기 마련이다. 그러므로 학자로서 살아가기 위해 발표해야 하는 논문 수 등의 단기적인 적응도를 생각하면 기존의 틀 위에서 누구나 쉽게 이해할 수 있는 연구를 하는 편이 유리할 것이다. 그러나 그런 학문적 태도로는 학문의 장기적 존속성이 유지되지 않는다. 새로운 생각이 나오지 않고 언제까지나 같은 원리만 나온다면 그 학문 분야는 새로운 것을 생각할 필요가 없으므로 존속할 이유도 사라진다.

이 책에서 몇 가지 예를 들었듯이 진화 생물학이라는 분야의 재미는 지금도 전혀 줄어들지 않았다고 생각한다. 물론 난항을 겪고 있는 분야도 있지만, 이것은 우리의 생각이 있다고 믿는 완성형에 사로잡혀 제대로 보지 못하기 때문이 아닐까?

진화론이 앞으로 어떻게 진화할지는 미래의 일이므로 명확히 말할 수는 없다. 그러나 지금까지 줄곧 그래왔듯이 진화론 역시 새로운 입장이나 시각을 받아들이면서 생물이 무한한 가능성을 지닌 것처럼 끝없이 진화를 거듭해나갈 것이다. 그리고 그것에 계속 흥미를 느끼고 진화시켜나가는 것이 우리 진화생물학자의 사명이라고 생각한다.

새로운 진화론의 출현을 기대하며

다윈이 처음에 신의 힘을 배제한 생물의 적응을 설명하고 생물의 다양성의 이해로 이어지는 자연 선택설을 발견한 지도 150년이 넘는 세월이 흘렀다. 진화론은 최신 생물학적 견지를 받아들이면서 조금씩 모습을 바꿔왔다. 물론 그 중심에 자연 선택설이 존재한다는 것은 변함이 없다. 비록 이 책에서는 다루지 못했지만, 그것이 진화 현상을 전부 설명하느냐에 관해서도 치열한 논쟁이 있었다.

진화에는 두 가지 관점이 있다. 첫째는 생물의 다양화를 추구함으로써 환경에 적응시키는 기계적 원리로서의 측면이다. 이것은 자연 선택이며, 생물이 어떤 형질을 지니고 어떤 환경에 있더라도 끊임없이 작용하는 불변의 힘으로 이해되고 있다.

다만 이것만으로는 진화를 설명했다고 할 수 없다. 진화학에는 '생명이 이 세상에 탄생해서 어떻게 변화를 계속해 다양한 생물이 되었는가?'라는 이른바 진화의 역사를 추정하고 기술하는 두 번째 관점이 있기 때문이다. 이 관점에서는 자연 선택설이라는 하나의 원리만으로 그 패턴을 설명할 수 없다고 주장한다.

예를 들어 공룡의 경우를 보자. 지금까지의 연구에 따르면 공룡이 멸종한 것은 소행성이 지구에 충돌한 데 따른 기후 조건의 급격한 변화가, 그때까지의 환경에 충분히 적응해 살던 그들을 갑자기 불리한 상황으로 몰아넣었기 때문으로 추측된다. 이때도 자연 선택은 계속 작용했을 터인데, 그 작용 방식이 '소행성의 충돌'이라는 우연한 사건이었다. 따라서 진화란 일정한 환경 아래서 자연 선택이 지속적으로 작용하며 완성형을 향해 나아가는 것이 아니라 우연한 요인에 좌우되는 일회성의 역사 현상이기도 한 것이다.

자연 선택은 분명히 훌륭한 이론이다. 또 인간에게는 단 한 가지의 원리로 설명되는 아름다운 세계를 동경하는 감정이 있다. 그런 측면에서 "자연 선택으로 모든 것을 설명할 수 있다"라는

'선택 만능론'이 등장한 것도 이미 살펴봤다.

그러나 이 진화를 움직이는 또 하나의 역학적 원리로서 유전적 부동이라는 이론이 소개되었다. 이 이론을 통해 자연 선택설이라는 하나의 원리로 진화를 설명하려는 시도가 불가능해졌다. 말하자면 진화는 복수의 원리가 얽힌 복잡한 현상이라는 것이다.

완전한 단 하나의 원리로 모든 것을 설명하고 싶은 인간의 욕망은 앞으로도 사라지지 않을 것이다. 그런 까닭에 다원적인 시각에 바탕을 둔 진화론이 홀대를 받을지도 모른다. 그러나 다음 세대에게 나타나는 적응도의 크기만을 기준으로 삼고, 환경은 줄곧 변하지 않는다는 생각을 전제로 하는 현재의 이론이 모든 현상에 적용되지 않음은 명백하다.

이 책에서 지금까지 생각하지 못했던 몇 가지 요인이 진화 현상에 영향을 끼치고 있는 사례들을 살펴봤다. 그런 새로운 관점이 자연 선택에 따른 적응과 다양성의 창출이라는 대원칙을 뒤집는 일은 일어나지 않을지도 모르지만, 새로운 관점을 도입하지 않으면 제대로 설명할 수 없는 현상은 분명히 있다.

그러나 걱정할 필요는 없다. 아직도 새롭게 전개될 여지가 있다는 것 자체가 학문을 연구하는 사람들에게는 희망이 된다. 무엇을 시도해도 기존의 발상에서 벗어나지 못한다면 그 학문은 더 이상 연구할 필요가 없기 때문이다.

미래의 진화학은 지금과는 다른 모습이 되어갈 것이다. 그러나 우리 자신을 포함한 생물이 보여주는 놀라운 다양성과 그 유래에 흥미를 잃지 않는 한, 진화론의 진화도 계속될 것이다. 아직 만나보지 못한 새로운 진화론의 출현을 즐거운 마음으로 기다리는 동시에, 내가 그런 역사를 만들어낼 수 있다면 참으로 행복할 것이다. 이를 위해 아무도 생각한 적이 없는 문제에 계속 도전해나가려 한다.

끝없는 진화에 축복의 꽃다발을.

하세가와 에이스케

재밌어서 밤새읽는 진화론 이야기

1판 1쇄 인쇄 2016년 9월 26일
1판 6쇄 발행 2023년 11월 13일

지은이 하세가와 에이스케
옮긴이 김정환
감수자 정성헌

발행인 김기중
주간 신선영
편집 민성원, 백수연
마케팅 김신정, 김보미
경영지원 홍운선
펴낸곳 도서출판 더숲
주소 서울시 마포구 43-1 (04018)
전화 02-3141-8301
팩스 02-3141-8303
이메일 info@theforestbook.co.kr
출판신고 2009년 3월 30일 제2009-000062호

ISBN 979-11-86900-16-1 (03470)